宇宙が見える数学

結び目と高次元——トポロジー入門

小笠英志　著

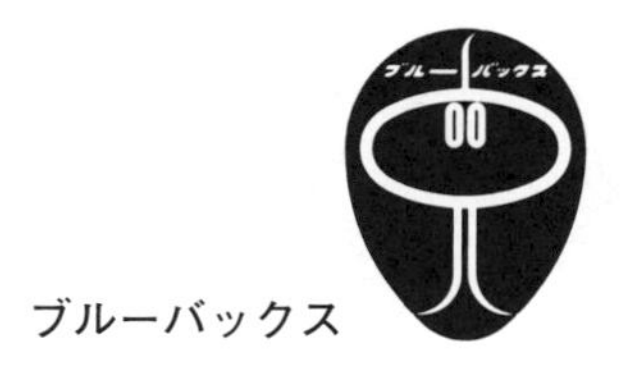

ブルーバックス

本文イラストレーション／長澤貴之
本文デザイン／浅妻健司
カバーイラストレーション・構成／酒井 春
カバー写真／ NASA's Scientific Visualization Studio
カバー装幀／五十嵐 徹（芦澤泰偉事務所）

まえがき

まず、次のクイズを考えてください。読者のあなたは、今地球にいます。そして、地球で宇宙船に乗ります。その宇宙船で地球から宇宙に出発します。

方向をひとつ決めて、宇宙をどんどんまっすぐ進みます。さて、どこに行くでしょうか？　宇宙船はいくらでも長く飛べるとします。やや、SF 的な設定のクイズと思ってください。もしくは理想的な仮定で考えます。頭を空っぽにして、空想してください。

まず、地球から宇宙に出発します。地球を飛び出して月の近くまで進んでいる方もいらっしゃるかもしれません。さらに進みます。土星のわきを通り抜け、そのまま太陽系を飛び出します。さらに、さらに、まっすぐ進んでください。

このまま行くと、どこにたどり着くのでしょう？　無限に遠くまで進むことができるのでしょうか？　ということは、これは終わりのない永遠の旅だということです。無限に続くというのも、なんだか不思議な気がします。

では、この旅は宇宙の端までたどり着いて終わりでしょうか。すると、この旅は有限だということになります。宇宙に端があるのなら、そこはどのようになっているのでしょう？端の先には何があるのでしょうか？　宇宙の大きさは無限なのか？　有限なのか？　と疑問が次々湧いてきます。なんだか不思議です。

さて、答えのひとつの可能性として、こういうものがあります。
「自分が、もといた場所に戻ってくる」(もといた場所というのは最初、地球で、もといた場所にです)。しかも、宇宙の大きさは有限であるというものです。さらに端もありません。
もといた場所に戻るということは、(特別な、ものすごく高性能な) 天体望遠鏡で遠くを覗くと、(ややSF的誇張がありますが) 自分の頭が見えるということです。

これから紹介する「位相幾何学=トポロジー (topology)」という数学は、このようなことも考えることができます。初めてトポロジーにふれる方は、とても不思議な気持ちになるかもしれません。
私たちは、自分たちの住んでいる空間に対して、「たて・よこ・たかさ」の3個の数字で位置を決められるという性質を持つと感じています。また、この3個の数字はいくらでも

大きくできるので、空間の大きさは無限じゃないのか？　と感じてしまいます。宇宙をまっすぐに進むと元の場所に戻る！　と初めて聞いた人が悩んでも無理はありません。この話が頭から離れず、夜、寝つけなかった人もいます。

しかし、「宇宙のモデル」として次のようなものが少なくとも数学的には作れます。

「大きさは有限。しかし境界はない。どんどん進むともといた場所に戻る」。

私たちは誕生以来、ものの形を学習し、高校まで幾何を習います。しかし、宇宙を理解するためには、それよりも「ハイレベルな幾何学」が必要です。本書はそういう話題を紹介します。

本書の紹介するトピックは次のようなものです。多くの数学者・物理学者がその研究においておもしろいと思ったもの。それらの中からなるべく予備知識なしでわかるもの。そして、数学・物理学の研究で重要なものを取り上げます。最新の話題についても紹介します。

本書の内容を簡単に紹介します。

序章では、「アインシュタインの一般相対性理論」の、我々の住んでいるこの宇宙が、4次元か高次元の方に曲がっているという主張をもとに、高次元への肩慣らしをしていきます。

1章では、この世に存在する物質をどんどん細かく分けていくと、どうなるのか？　という問いから、現在その有力な候補とされている超弦理論を紹介します。この理論を理解するためには曲面についての数学も必要になります。そこで、位相幾何学の中からトーラスやメビウスの帯、アニュラスといった曲面を取り上げ、見ていくことにしましょう。さらに、そこから「結び目理論」というものが現れます。

2章からはふたたび高次元について詳しく見ていきます。まず、2章と3章ではとくに4次元を使ってクラインの壺、4次元立方体の展開を紹介します。誰にでも4次元の世界がイメージできるように、ていねいに解説したいと思います。

ここまで見てきた4次元というイメージを使って、4章では宇宙の涯てについて考えてみましょう。ここ「まえがき」の冒頭のクイズにひとつの回答を与えます。現在の物理研究には4次元は必須です。

5章では、二次元実射空間 $\mathbb{R}P^2$ という曲面から、ボーイ・サーフェスと呼ばれる、とても興味深い性質の図形を取り上げます。曲面は「平面（2次元の図形）」を曲げて貼り合わせて作ります。なので「2次元の図形」です。しかし、ボーイ・サーフェスを吟味していると5次元空間が出現します。その説明を紙工作をしながら行ってみたいと思います。じつは、簡単な紙工作をするだけで、誰でも高次元が見えるようになります。

6章では、ブラックホールやワームホールを紹介します。また、物理の専門文献に出てくるトーイ・モデルという言葉を紹介します。さらに、このワームホールをきっかけにして、「宇宙の形を改変する」という操作を提示します。このモデルの造作法は、「数学の位相幾何（トポロジー）のサージェリー（手術）」の初歩的操作です。また、この議論に関連して $S^1 \times S^2$ や「ポアンカレ球面」というものも紹介します。

7章では、宇宙の形の「他の」可能性について幻視します。また、解決されたと話題になった有名なミレニアム懸賞問題の「ポアンカレ予想」について初心者向けに説明します。7章の小章のひとつの題は「ポアンカレ予想はまだ解けてない？」です。ぜひご覧ください。

ところで、ポアンカレ予想にも、じつは「結び目理論」が登場します。

最終章は、少し高度な話題になりますが、素粒子論や宇宙論の謎を解決する手掛かりになるのではないかと考えられている結び目理論の重要未解決問題を紹介したいと思います。

今、ここをお読みになっている皆様が、本書を読み終えた後、きっとこのように変わるでしょう。空を仰(あお)いで空想すれば、自然と4次元以上の空間が見えます。宇宙の涯てに思いをはせると、自(おの)ずとハイレベルな数学がわかってきます。逆に、高度な数学がわかっていると宇宙が空想できます。

宇宙の研究と数学の研究はともに発展してきました。ちょうど宇宙論が革新的に進歩を始める頃に、高次元などが数学で研究されていたことも一因です。宇宙の形を考えていたら、物理よりも数学寄りのことを考えるようになり、そのまま数学者となった人もいます。

それでは、これから「数学」を道案内にしながら、皆様と一緒に宇宙に飛び出し、宇宙の涯てへと旅に出たいと思います。

宇宙が見える数学

もくじ

序章

宇宙をまっすぐ進んで行くと、どこにたどり着くのか？

まえがきで、宇宙をまっすぐに進んだら、自分がもといた場所に戻ってくる、という話をしました。この「宇宙モデル」はどういうものなのか、本書を読めば皆様なら空想できるようになります。

ところで、宇宙は少し“曲がっている”ということが、アインシュタインの一般相対論により予言され、実験で確認されました。彼は、あなたの手の届く範囲の空間も少しは“曲がっている”と主張しています。理論物理学者は、これらを正しいと信じています。宇宙のとても大きい範囲を考えるなら、宇宙の“曲がり”は、かならずしも無視できないのです。しかも、我々は宇宙全体の形を考えるわけですから、なお必要です。まず、この“曲がり”について話していくことにします。

0-1 平面が空間の中で曲がる

平らな円板を用意します。この円板は次のような素材でできていると仮定します。曲げ伸ばしができるし伸び縮みさせることもできる理想的な素材です。数学や物理では、このような理想的な状況を考えて真理を探ります。また、ここで円板というのは中身が詰まっています。円周というのは境界のみで中身はありません。円は文脈によって、どちらの意味にもなります。

さて、この平らな円板は曲げることによって曲面にすることができます（図 0.1 参照）。

この曲がった円板がものすごく大きいとしましょう。あなたはその上に立っています。このとき、自分のまわりだけを見たら、あなたはこの円板を「平ら」だと感じるかもしれま

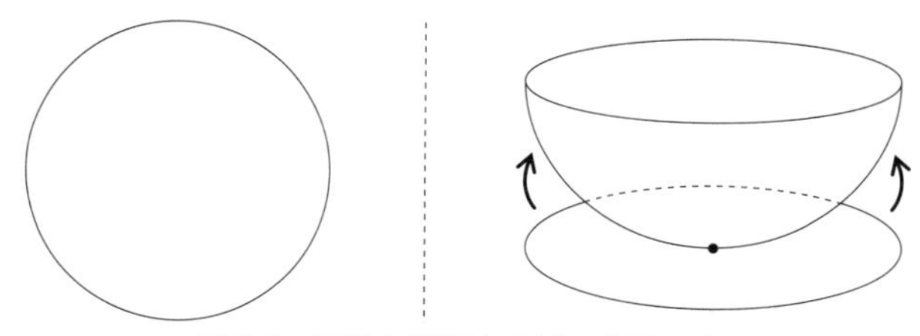

図 0.1　平らな円板を曲げて曲面にする

せん。まわりを見回しただけでは、全体として曲がっているのかどうか、おそらくわからないでしょう。この話の「次元を上げた」話をこれからしていきます。

中学・高校で「x, y, z 軸のとれる x y z 空間」を習いました。文脈からわかるときは、これを空間ということにします。

本章の冒頭でも書いたように「我々の存在する宇宙は中学・高校で習ったような、まっすぐな空間ではない。宇宙全体が曲がった状態にある」と多くの科学者は信じています。これを、概念的な絵として描いたものが図 0.2 です（図 0.1 から類推してください）。

ふつう第一印象で宇宙空間（の一部）を描くと、図 0.2 の左の平らな円板のようなものになると思います。しかし、宇宙空間が曲がっているものだとして、その状態を描いたものが図 0.2 の右の曲面です。

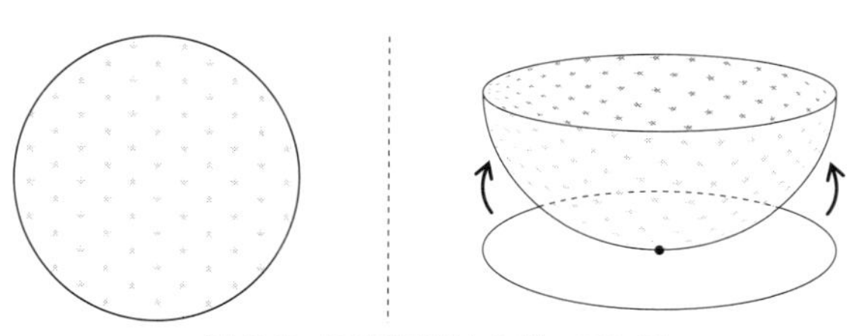

図 0.2　宇宙空間は曲がっている

これはこのように言い換えることができます。
「空間の中にはない『別の方向に』宇宙が曲がっている」。
じつは、アインシュタインの一般相対性理論はそのように主張しています。また、多くの観測や実験がその主張を裏付けています。宇宙が曲がっていないで「平ら」だと考えると多くの実験や観測の結果は説明ができないのです。だから、宇宙は曲がっていると考えて差し支えはありません。
図0.2のように、宇宙空間を平面や曲面で描くことがしばしばあります。実際の宇宙空間には、たて・よこ・たかさがありますが、簡便のために用います。このとき、丸や四角で表された平面は、中身のあるものを考えています。また、境界があると考えるか、ないと考えるかは、ここでは気にしないでかまいません。宇宙を"気持ち"で描いた絵ですので。

0-2 宇宙が曲がるとは?

前述のように、宇宙は曲がった状態にあると多くの科学者が信じています。重力は、質量がつくる空間の曲がりによって起こると説明されます。多くの実験がその主張を裏付けています。
ニュートンは、空間が「平ら」だと仮定しました。太陽の傍(そば)を地球が通りかかったとします。このとき質量を持つ物体同士、この場合、太陽と地球が引き合うことを発見しました。ニュートンの万有引力の法則では、この引力の大きさは地球と太陽の質量と距離によって決まります。
しかし、アインシュタインの主張では以下のとおりです。地球の質量によって地球のまわりの空間は曲がっています。

さらに、太陽の質量は地球の33万倍です。そのため、太陽の質量によって大きく曲がった空間を地球はなぞるように運動しているのです（図0.3)。これが一般相対性理論の大まかな主張です。重力は空間の曲がり方で決まり、曲がり方は、宇宙のそれぞれのものの質量（厳密には運動量とエネルギー）すべて、で決まります。太陽系には月や火星、木星などさまざまな天体があります。一般相対性理論では、厳密に言えば他の惑星があるときは、「地球と太陽のあいだ『だけ』」の重力（引力）という概念はありません（ニュートン万有引力にはあります)。

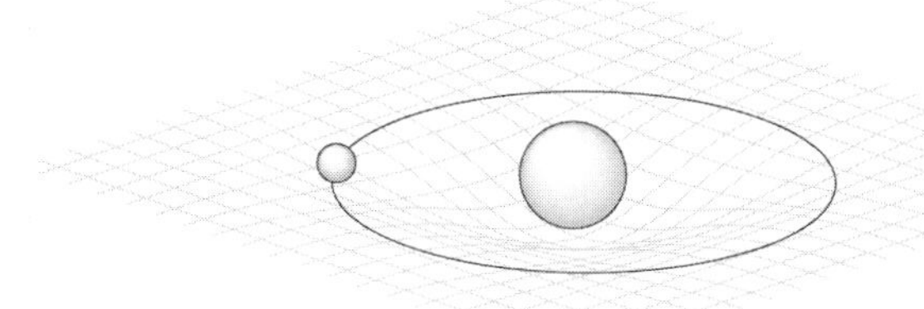

図0.3　太陽と地球の重力（概念図）

さまざまな研究者が一般相対性理論の検証ともいえる実験を行っています。その結果は予想値と同じになるのですから、宇宙はさまざまに曲がっているといってもよいでしょう。

0-3　3次元空間が4次元空間の中で曲がる

「たて・よこ」の方向がある平面を2次元空間といいます。

これは動ける方向の自由度がたて・よこの2個あるからとここでは理解してください。

「たて・よこ・たかさ」の方向がある空間は3次元空間と呼びます。動ける方向の自由度は3個です。

ここで、「たて」とか、「よこ」とか、「自由度」とは何なのか？　と疑問に思い始めた方もいらっしゃるかもしれません。じつは、数学や科学には定義のない言葉「無定義語」というものがあります。点や直線など、かなり多くあります。時間も無定義語です。無定義語があっても人間同士は議論ができます。なので、そこには拘泥（こうでい）せずに進んでください。これは入門書だから言っているわけではなくて、専門書や論文でも基本です。気になった人は専門書や論文で「時間」という語が、どのように初登場するか調べてみてください。「いきなり登場する」、「無定義語と明記される」か、「ほかの無定義語に言い換えられる」のどれかです（第3番目の例を言うと、「時間は時計で測るものだ」などと言い換える。しかしこの場合、時計は無定義語）。

さて、平面（2次元空間）は、3次元空間の中でたて・よこ以外の「たかさの方」に曲げた状態に変形することができます。これは紙を実際に曲げてみればわかります。

では、3次元空間は曲げることができるのでしょうか。もし、曲げるとすればどこで曲げられるのでしょうか？

そうです、その空間より次元の高い空間の中で、空間は曲げることができます。

「4次元空間」、もしくは「5次元」や「6次元」などの高次元空間でも曲げることができます。

その図を見たいですか？　この本で、これからたくさん紹介したいと思います。しかも、この考え方は宇宙の構造を解明するうえでも、数学研究のうえでも重要な役割を果たしているのです。

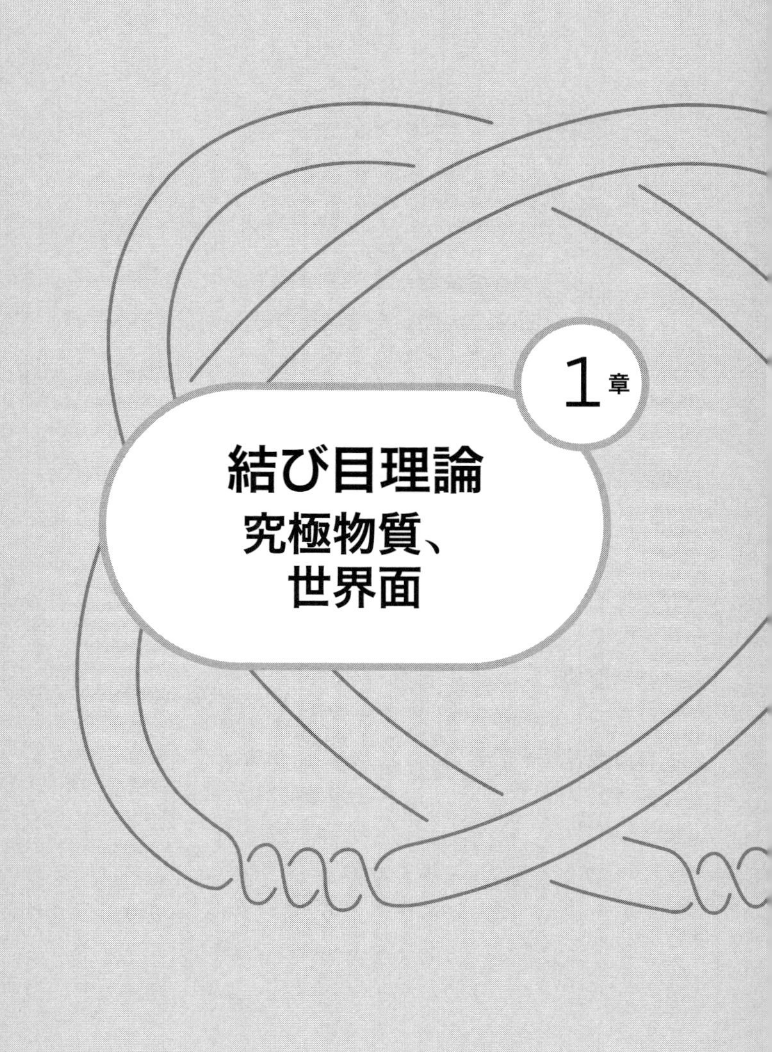

1章

結び目理論
究極物質、世界面

1-1 世界面　ワールドシート

「自然界にある、すべてのもの」は何からできているでしょうか？　言い換えると、さまざまなものを細かく分けていくと、どのようなものになるでしょうか？

人類は古代以来この問いを考えてきました。

古代ギリシアの偉大な哲学者デモクリトスはすでに原子という考え方を持っていました。彼は、さまざまなもの、石には石の、植物には植物の性質をつくる原子が存在するのだと考えていました。

時代はくだり19世紀、英国の高名な科学者ジョン・ドルトンは元素を構成する根源的な物質が原子であるという考え方を提唱しました。ドルトンは、原子と原子がつながって物質をつくるという考え方にたどり着いています。これは、非常に革新的な考え方でした。

現在の私たちは、原子を分けていくと電子やクォークと呼ばれる何種類かの素粒子になることを知っています。また、この考えがおおよそ正しいことは実験からもわかっています。

それでは、素粒子をさらに細かく分けていくことはできるのでしょうか。考えてみましょう、物質の最小単位だとされる素粒子は点粒子だと考えられます。点には大きさがありません。たてにも、よこにも、たかさにもありません。言い換えるなら0次元だと考えられます。

2つの点粒子があったとします。この2つが距離0まで近づいたとき、その相互作用はどのように考えればよいのでしょうか。じつはこの答えは無限大になってしまいます。これは物理学にとって非常に大きな問題なのです。この問題は重力以外の相互作用（電磁力、強い力、弱い力）では、いちおう解決しました。しかし、重力も考える場合は未解決です。

これを説明するために、さまざまなモデルが考えられています。そのなかでも有力なものが「超弦理論」と呼ばれるものです。

超弦理論では、素粒子をさらに細かくしていった「究極物質」は、長さのある線分（まっすぐだったり、曲がったりしてもよい)、もしくは円周（曲がってもよい）ではないかと言われています（図 1.1 参照)。

図 1.1　究極物質の姿？

「点である素粒子をわけると、なぜ線分や円周になるのだ？」と疑問に思う方もいらっしゃるでしょう。おおまかに説明すると、こうです。

線分をものすごく遠くから見ると点に見えます。我々のできる実験はエネルギーが低いので線分を遠くから見ているようなものなのです。そのために点に思えます。しかし、我々が現在直接できないような高エネルギーの実験では線分として扱わないと説明できません。超弦理論は、こう主張しています。

点ではなく線分か円周と思うと、さきほどの「重力も考えた場合の無限大に関する問題」が解決できます。「点と点なら距離 0 になりえる」という問題を避けられるからです。

このあたり、おおまかに説明していますので、気になるかもしれませんが、最初はおおらかに捉えてください。数学や物理を学ぶときは、まず鳥瞰（ちょうかん）することが必要です。これは入門書だから言っているのではなく、専門家もそうしています。

この線分と円周は「超弦」と呼ばれます。「超対称性」という性質を持つので超という字が付いています。超弦理論の精確さは、まだ実験から確定していません。現代では不可能なくらい、とてつもなく高エネルギーの実験をしないといけないからです。しかし、多くの物理学者が正しいと信じています。いくつもの理論的根拠があるからです。

図 1.1 を見ると 2 種類の弦が描かれています。左側のものを閉弦、右側のものを開弦と呼びます。

この宇宙の出来事は、これらが動いて結合したり分離したり、反応し合って起こっています。

1-2 弦同士の反応を表す「世界面」

それでは、閉弦の場合を見ていくことにしましょう。

閉弦が動くとどうなるでしょうか。答えは筒のような円柱の側面になります（図 1.2）。この筒は曲がっていてもかまいません。

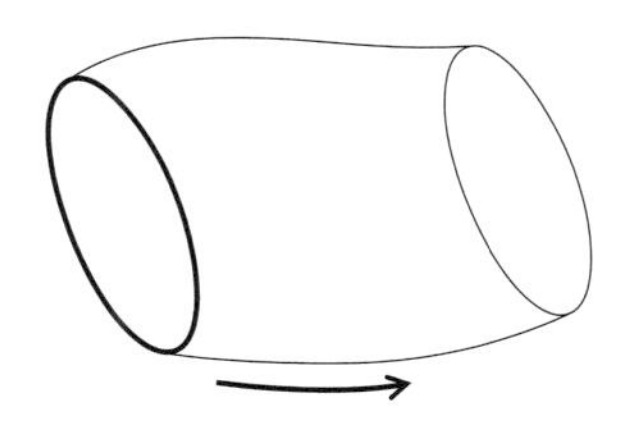

図 1.2　閉弦の軌跡

さらに、この弦が複数存在して反応するときは、どうなるでしょうか。例えば、図 1.3 のように複雑な曲面になります。自然界で起こる物質の反応は、このような弦同士の反応で説明されます。

「もの A ともの B が反応して、もの C ともの D になる」という現象を考えます。この現象は図 1.3 のように曲面で描かれます。

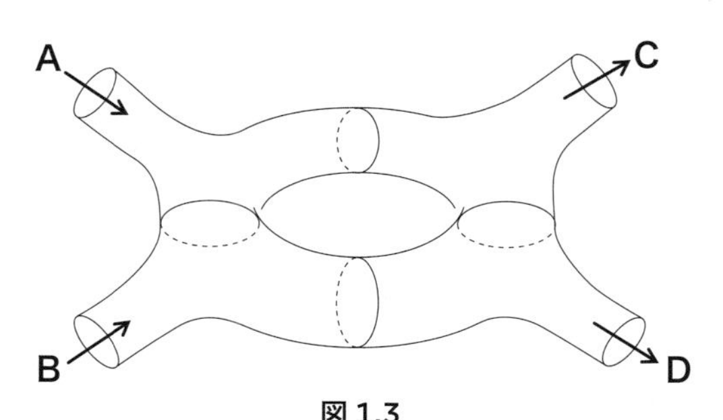

図 1.3
世界面の例：もの A ともの B が反応してもの C ともの D になる

この曲面には 4 個の「穴」が空いています。曲面の境界は 4 個の円周です。4 個の円周のうち 2 個は A 、B が入ってきた、残り２個はC、Dが出ていったことを表すと解釈します。それを視覚的に描いたものが図の矢印です。

さて、この曲面を「ワールドシート（world sheet）」もしくは「世界面」と言います。

自然界で起こるものの反応はすべてこのように説明されます。

この超弦が反応するのは実験時間全体からしたらほんの一瞬だと考えられます。そのため、A、B、C、Dを表す超弦は無限の遠方からきたものだと考えることができます（図1.4）。また、A、B、C、Dを表す円周は点と見なすことができます。これらのことから、超弦の反応するようすは、図1.4のように境界のない曲面を描いてそこに弦が飛び込んできたということを点で描いて表せます。

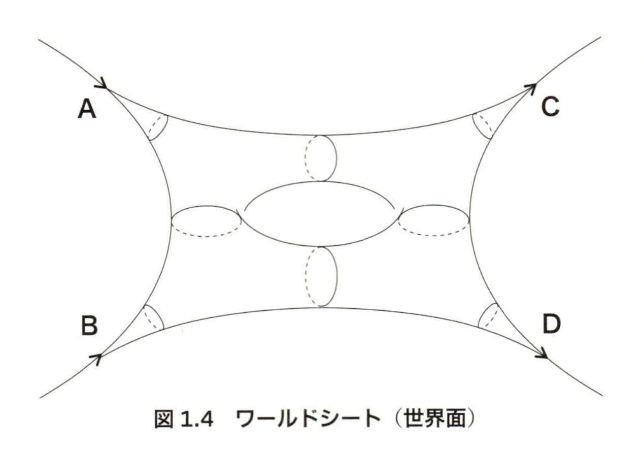

図1.4　ワールドシート（世界面）

図1.4の無限に伸びたところの端っこ（図1.3で境界、円周であるところ）は、無限に伸びたことから点と見なせるの

です。

図1.4を図1.5のように描いて、ものA、B、C、Dを点と表すこともできます。ここで、なぜこのように図を描き直すことができるのかという大雑把な理由は、ものをぐにゃぐにゃ曲げたり引き延ばしたりしても同じ図形だと考える立場だからです。

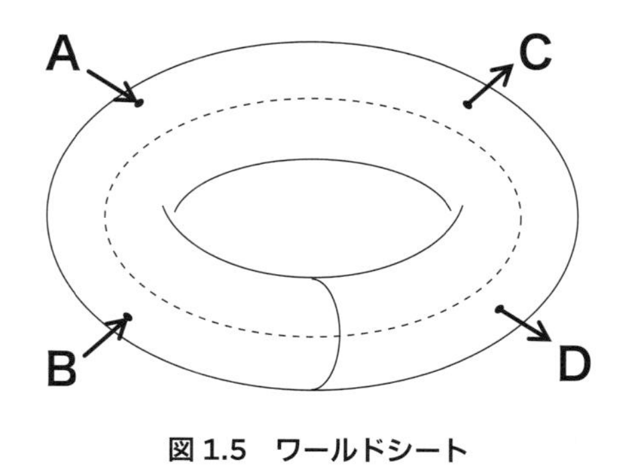

図1.5　ワールドシート

コラム

量子力学
超ミクロの世界を見ると

超弦理論は、量子力学から発展してきて誕生しました。

量子力学というものの基本かつ重要な事項を紹介します。

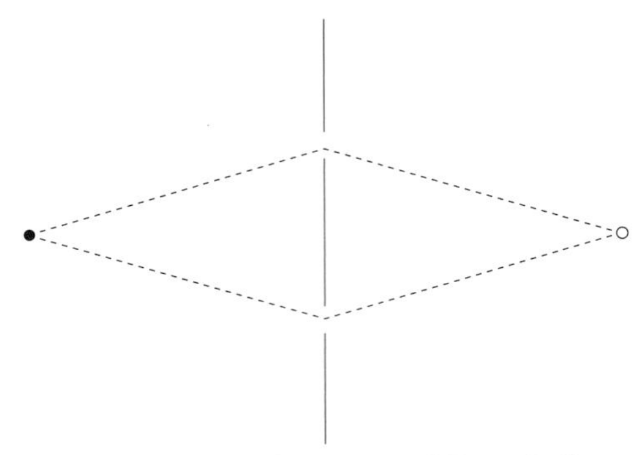

コラム図１　２重スリットと素粒子の経路

光や電子といった「とても小さなもの」が、図1の●から○に行ったときに、上の穴を通ったか下の穴を通ったかは、どうやってもわかりません。上を通った確率がこのくらい、下はこれくらいという確率しかわかりません。

これは、物質がどこにあるかは一般には確率でしかわからない。実験の精度をいくら上げても絶対にわからない。それ以前にできなかったような精密な実験を行い、その結果をどう考えても、確率でしか決まらないという新しい事実を発見したということです。

それを基本則と認めて、では、他の実験がどうなるか？　自然現象がどうなるか？　を予言します。たしかに予言と合うので新理論ができたと喜びます。

最初に発見した人は予想外のことを見つけたからうれしいし、それでいいかもしれませんが、それを後から学ぶ人は、なぜそうなるのかな、なぜ確率でしかわからないのかな、と悩むかもしれません。学び初めはそういう方が多いのも無理はありません。その悩む気持ちを解消するには……どうしたらいいでしょうか。

自分で、なにか新しく発見するしかないです。自分で新発見したら、この悩みは消えます。ぜひ新発見・新発明してください。

粒子の位置などが確率でしか表されないということについては、8章でふたたび考えてみることにします。

1-3 曲面

今まで見てきたように、超ミクロな世界や、宇宙を解明しようとしたら、曲面について研究する必要があります。当面、曲面とは、日常生活でいう曲面だと考えてかまいません。

たとえば、イランの偉大な女性数学者マリアム・ミルザハニは「リーマン面」という「複素数と『ある種の曲面』を融合した対象」についての研究で2014年にフィールズ賞を受賞しました。超弦理論で曲面が重要だというのは前節で見ました。超弦理論でリーマン面はさらに重要です。

では、段階を追いながら曲面について見ていくことにしましょう。

「自己接触」しないように「同一視」で図形を構成

まず、基本的な言葉の定義を見ていくことにします。

図1.6のように線分を動かして一部を他の部分に接触させます。

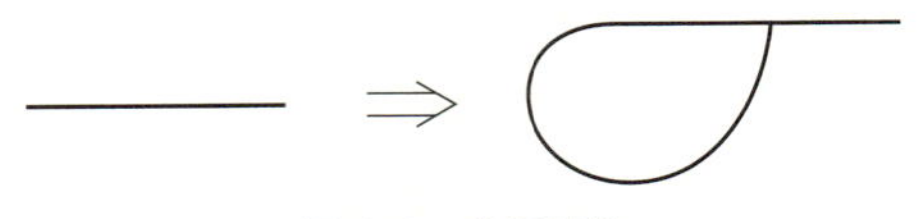

図1.6　自己接触

このように図形を動かした結果、その図形のある点が別の点に接触するとします。その（結果の）図形は（はじめの図形が）「自己接触して（できて）いる」と言います。

とても簡単な問題を考えてみましょう。
境界を含む線分 AB があります（図 1.7）。

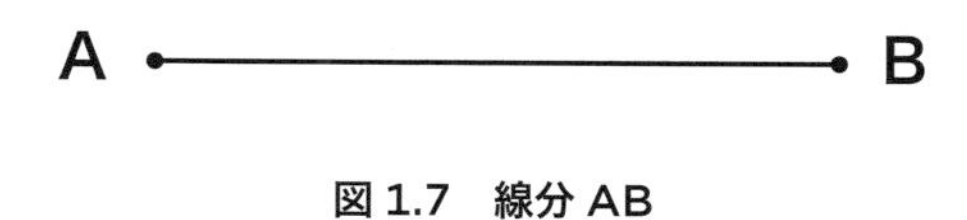

図 1.7　線分 AB

点 A と点 B を貼り合わせます。このとき、他の点はどの点ともさわらないようにします。どんな図形ができあがるでしょうか？
答えは、円周です（図 1.8）。

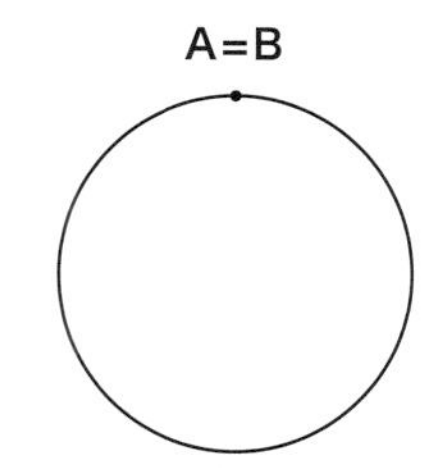

図 1.8　自己接触していない円周

ある点とある点を貼り合わすことを、それらの点を「同一視する」といいます。ところで、図 1.8 を作るときは、はじめに、「この点とこの点を同一視する」と言った点がありました。それらでしか同一視は起こっていません。

図 1.9 の 2 つの図の場合をご覧ください。

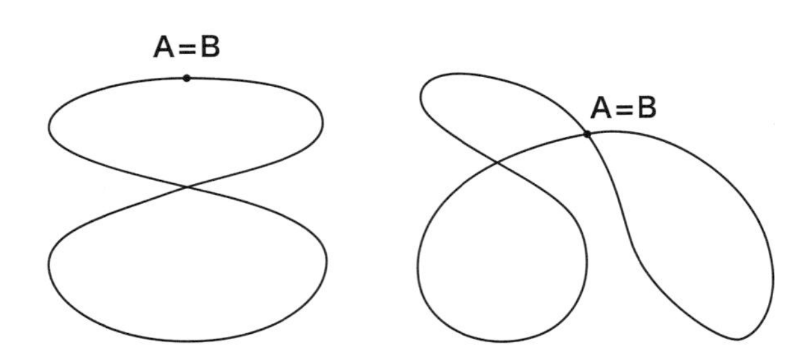

図 1.9　自己接触している円周

それら以外の点同士が結果として同一視されています。はじめに、「同一視はこの点とこの点でのみ行い、新図形を作る」と決めます。結果として、図 1.9 のように、それら以外の点で、同一視が行われるとき「新図形は自己接触している」といいます。

図 1.8 のように、はじめに決めた点以外の点は、どの点とも同一視されていないとき、「新図形は自己接触していない」と言います。言いようによっては、「このような同一視のみで作る」と言った時点で、新図形は「抽象的には」決まっているわけです。

もとの図形（今回は線分）を主役に見れば、もとの図形は同一視する点で自己接触しています。

「線分と線分を同一視する」ことも「点と点を同一視すること」から類推できるでしょう。この場合は、線分と線分をぴったりあわせて 1 本の線分にします。片方の線分のある点は別の線分のある点と同一視されます。

ある図形から、同一視によって「新図形が自己接触しないように」構築するのは数学では基本操作です。この後でも、上のような問いを出していきます。最初は簡単なものを出しますので、妙に考えすぎないようにしてください。だんだんとレベルが上がっていきます。その問いを考えるのが、本書の中盤以降の肝（きも）になります。

トーラス

曲面の話を易しいレベルから始めます。

正方形 ABCD を用意します。この正方形は辺だけなく中身もあります。次に、正方形の 4 つの辺に矢印を付けます(図 1.10)。

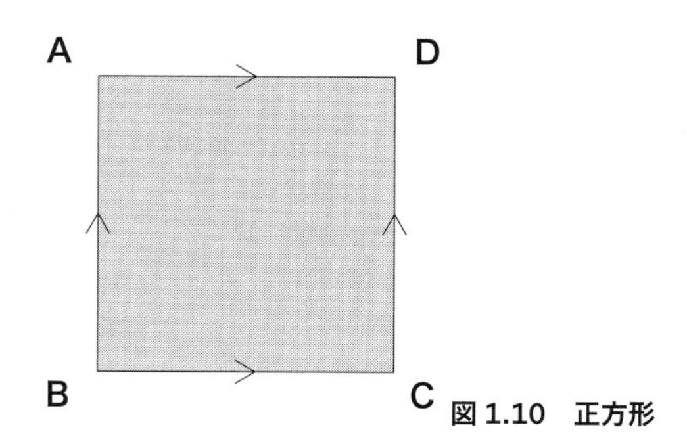

図 1.10　正方形

では、辺 BA と辺 CD を同一視します。矢印の向きが合うようにしてください。辺 AD と辺 BC を同一視します。ここでも矢印の向きが合うようにします。これらの同一視をして新図形を自己接触しないように作ります。さて、どんな図形ができるでしょうか。

順に見ていきます。まず、この正方形の辺ABと辺DCを矢印の向きが合うように、ぴったり貼り合わせてみましょう。(図1.11)。

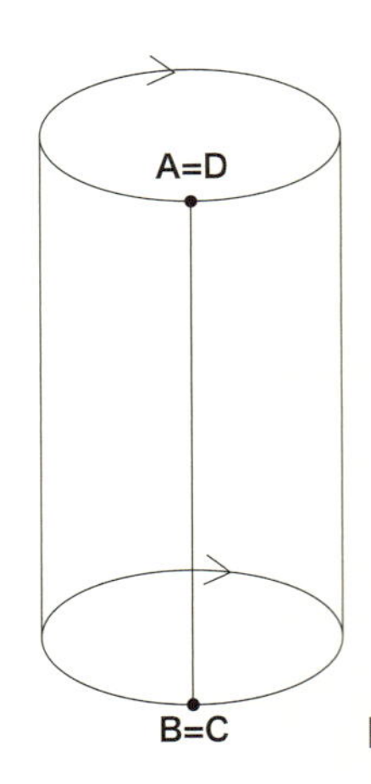

図1.11　正方形の変形

当然、点Aと点Dが重なり合い、点Bと点Cが重なり合います。これは筒のような形になります。

では続けて、辺ADと辺BCを矢印の向きが合うように貼り合わせてみましょう。できあがる新図形は自己接触していないようにします。貼るときに正方形ABCDを引き延ばしたり曲げたりしてもかまいません。アタマを柔らかくして考えてください。

答えは、ドーナツの表面のようになり、結果として4つの点A、B、C、Dは重なり合って1点になります（図1.12)。

この図形には「トーラス」という名前が付いています。

これから少しずつ複雑な図形を考えてみましょう。

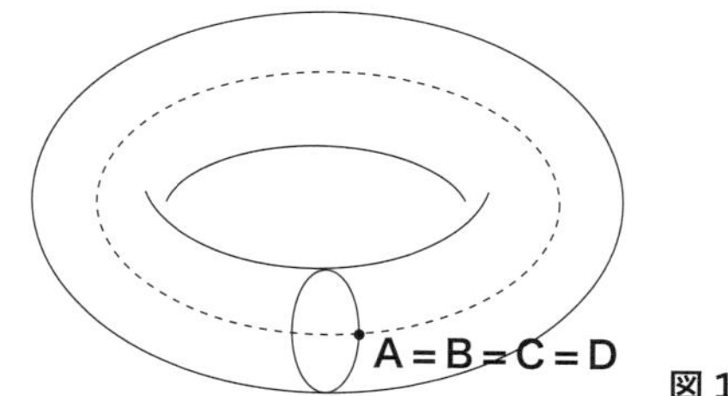

図 1.12　トーラス

メビウスの帯とアニュラス

次も紙工作の問題です。

まず長方形を用意します。まわりの辺だけでなく中身もあります。横の長さを、縦の長さより、結構長めにしておきます。

辺 AB と辺 DC を矢印の向きが合うように同一視します。新図形は自己接触しないようにします。これは、どのような図形になるでしょうか？

もうおわかりだと思います。さきほどと同様に、点 A と点 D、点 B と点 C が重なり筒のような形ができます（図 1.13）。

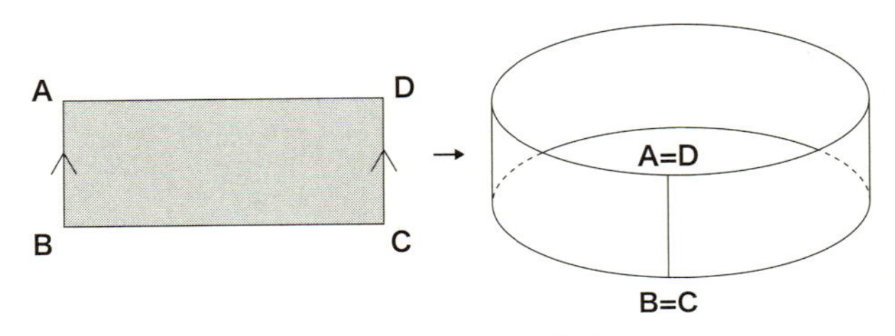

図 1.13　長方形の変形

この図 1.13 の右の図形はアニュラス、シリンダー、筒、円柱の側面、などと呼ばれますが、ここではトポロジーでよく使われる「アニュラス」と呼ぶことにします。

このアニュラスを曲げたり、引き延ばしたりしてできた図形もアニュラスと呼ばれます（図 1.14）。

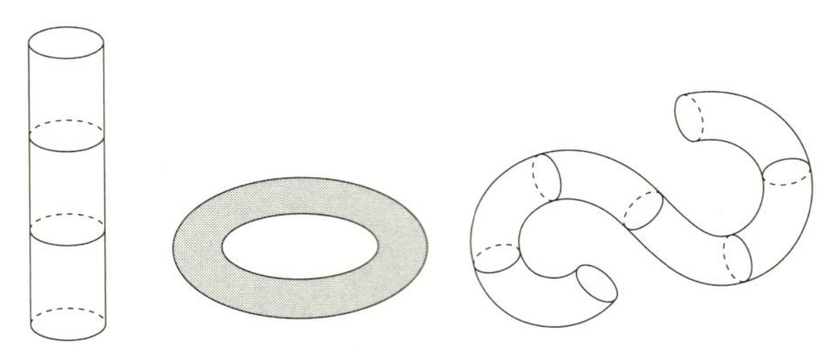

図 1.14　さまざまなアニュラス

あれ！　と思った方もいらっしゃると思います。トーラスを作るときにもアニュラスが出てきていました。

さらに、紙工作を続けます。今回も横方向が長い長方形を用意します。まわりの辺だけでなく中身もあります。ただし、この長方形では、辺 AB、辺 CD の矢印の向きを逆にします（図1.15）。

図1.15　長方形：両端の矢印の向きが逆

では、この長方形の辺BAと辺DCを矢印の向きが合うように同一視すると、どのような図形になるでしょうか？　ただし新図形は自己接触しないようにします。

まず、この長方形の辺ABと辺DCを矢印の向きが合うように貼りましょう。

この場合、辺DCを180度捻るようにして、点Aと点C、点Bと点Dが重なります（図1.16）。

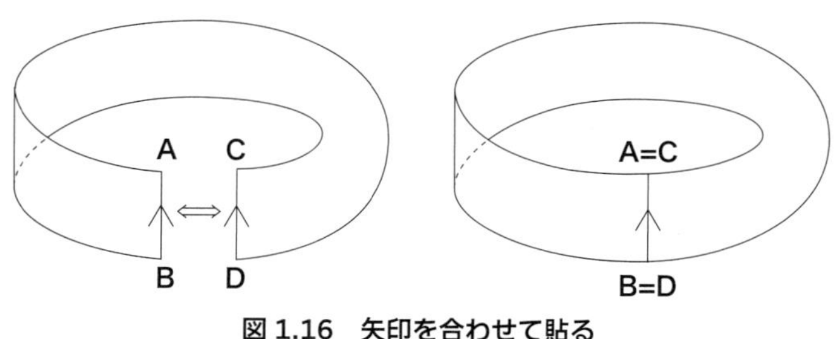

図1.16　矢印を合わせて貼る

これは有名なメビウスの帯（輪）です。アニュラスの場合と違って「半捻り」（180度捻り）しています。メビウス

（1790-1868）は偉大な数学者の名前です。この図形に関する主要な研究をしたことから彼の名を冠しています。

メビウスの帯というと、SF小説や映画で見聞きしたことがあると思います。筆者が見たことのあるSF映画では、異次元空間への移動手段としてメビウスの帯が使われていました。

超弦理論とメビウスの帯

さて、この章の冒頭で超弦理論の話をしました。じつは、複数の超弦が反応するときに途中の状態（世界面）がメビウスの帯になることもあると考えられています。

これから、メビウスの帯よりも複雑な図形を考えていきますが、その前に、メビウスの帯の性質をいくつか紹介します。

1-4 メビウスの帯から結び目出現

メビウスの帯は半捻りしていました。アニュラスは捻らず作りました。この、アニュラスの真ん中あたりに描いた点線に沿ってハサミで切りきるとします。当然、2つのアニュラスに分かれます（図1.17）。

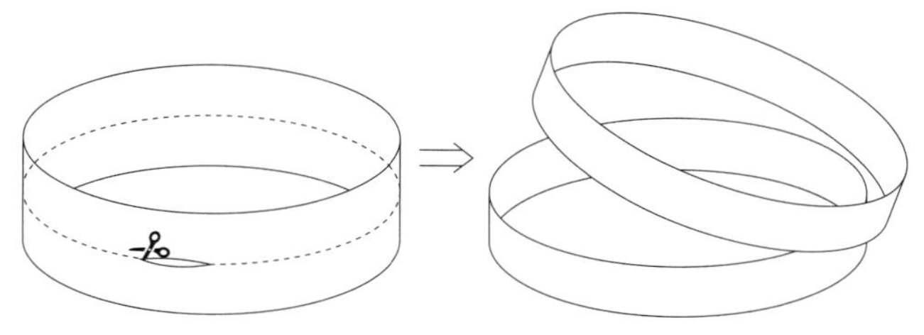

図 1.17　アニュラスの切断

次は、メビウスの帯を用意します。さきほどと同様に、真ん中の点線に沿ってハサミで切っていきます（図 1.18）。

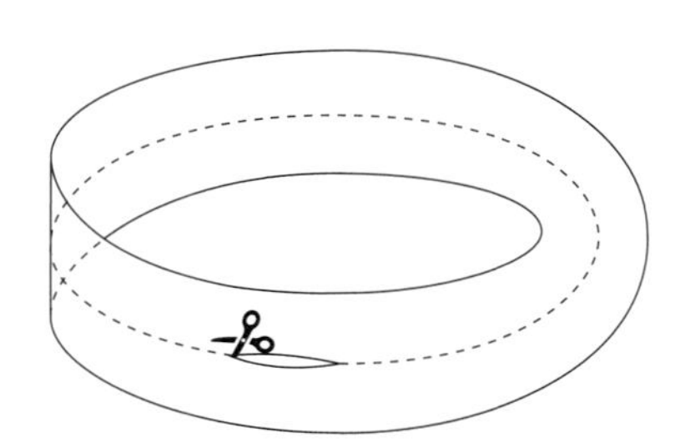

図 1.18　メビウスの帯を切ると

さて、結果はどうなるでしょう？　これは有名なので、答えを知っている方も多いと思います。図 1.19 のように 1 つの図形になります。2 つではありません。実際にキッチン・ペーパーや半紙のようなやわらかな紙とセロハンテープ、ハサミで工作してみて確かめてください（ティッシュペーパーは柔らかすぎ、印刷用紙は固すぎます）。

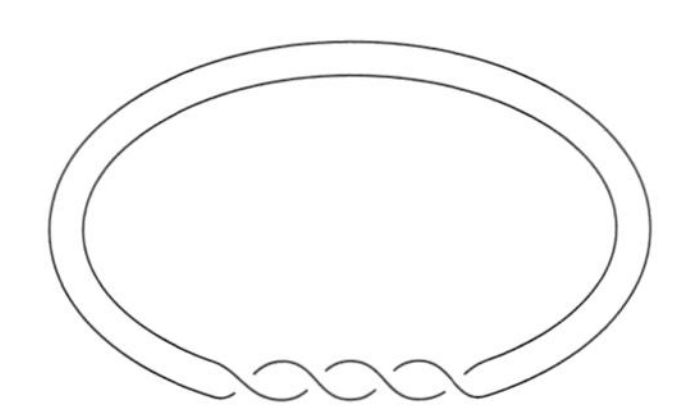

図 1.19　メビウスの帯を真ん中で切った結果

ここで注目すべき点があります。

アニュラスとメビウスの帯を作ったときを思い出してください。

アニュラスを作るさいには辺 AB、辺 DC の矢印の向きが揃った長方形（図 1.13）を「捻らず」に辺 AB と辺 DC を貼り合わせました。

では、さきほどの辺 AB、辺 DC の矢印の向きが揃った長方形を、半捻りではなく、1 回（360 度）捻ったらどうなるでしょうか？

この場合にできる図形では、点 A と点 D、点 B と点 C が重なります。じつは、この図形もアニュラスと呼びます。辺 AB と辺 DC のそれぞれの矢印が同じ方向を向いているならば、何回捻ったとしても、できた図形はアニュラスと呼ばれます。長方形を「整数回」捻ってできる図形をアニュラス、「整数回＋半回」捻ってできる図形をメビウスの帯と言います。図 1.19 はアニュラスです。

アニュラスとメビウスの帯には、さまざまな違いがあります。こうした違いに注目しながら、メビウスの帯の性質について、以下で考えてみたいと思います。実際に、ハサミと紙とペンで工作しながら読み進めると理解が深まるので、おすすめします。

表と裏のない世界！

まず、アニュラスとメビウスの帯を作ります。アニュラスは捻らずに（0回捻る）つなぎ合わせたもの、メビウスの帯は半回だけ捻りつなぎ合わせたものにします。

次に、それぞれの片面にだけ色を塗ります。このとき、インクが裏側にうつらないような紙やペンを使ってください（図1.20）。

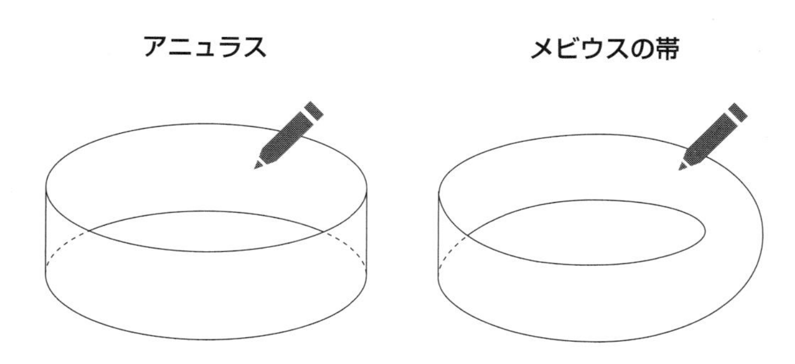

図1.20　表と裏を塗りわけられるか
※インクが裏まで染みこまない紙を使ってください。

アニュラスは、表面か裏面のどちらかのみに色を塗ることができます。しかし、メビウスの帯は、どうでしょう。できそうにない……と思いましたか？

これは実際できないことが知られています。

実際にやってみると、メビウスの帯も部分的には裏表を塗り分けられます。しかし、メビウスの帯全体として裏表を塗り分けることは不可能です。

これが、アニュラスの性質とメビウスの帯の性質の違いのひとつです。これをおおらかに「メビウスの帯は裏表がない」と言うこともあります。この裏表がないというところがSF作家にウケるのでしょう。もといた世界に戻ったら（ものの構成なり、ひとの性格なりの）裏表がひっくり返っていた。その理由は、メビウスの帯を一周していたからだ、という話がSF小説やSFアニメにありました。

左右の逆転が起こる！

今度もアニュラスとメビウスの帯を作ります。ここで、紙の表に右回りの円状の小さな矢印を並べて描いてください。このとき、さきほどとは違いインクが裏側に染みるペンを使ってください。

アニュラスの場合は簡単です。表には右回りの丸矢印が並びます（図1.21）。

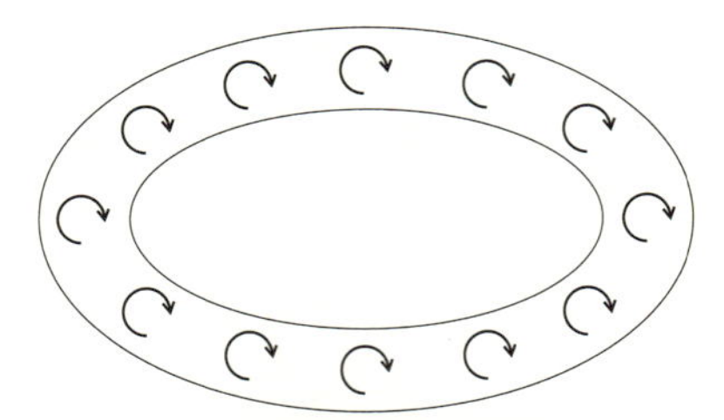

図1.21　右回りの円状の矢印を描くと
※インクが裏まで染みる紙を使ってください。

この図を裏返したものが図1.22です。

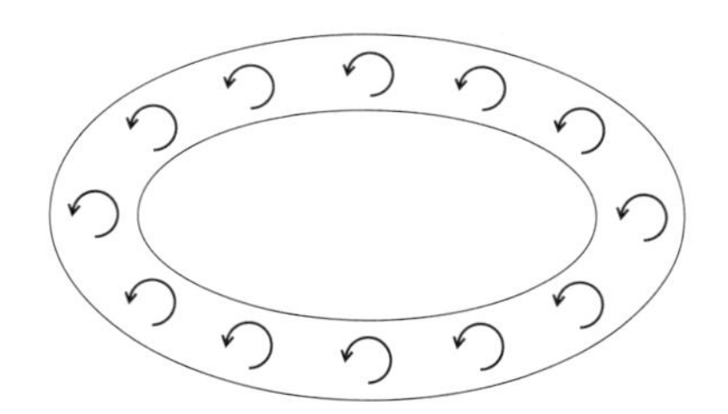

図 1.22　図 1.21 を裏返して見る

　このとき、裏側から見るとこの円は左回りの丸矢印が並んでいるように見えることに注意してください。

　では、メビウスの帯ではどうなるでしょうか？

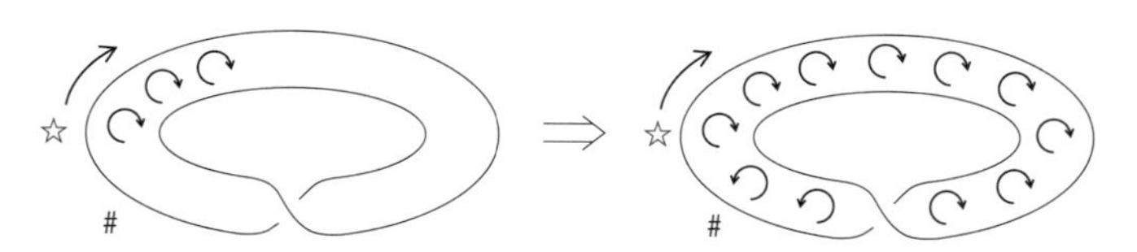

図 1.23　メビウスの帯に描かれた矢印
※インクが裏まで染みるペンと紙を使っています。

　メビウスの帯では、一周して戻ってくると丸矢印の向きが逆になります（図 1.23）。

　このことを、アニュラスは「向き付け可能」、メビウスの帯は「向き付け不可能」といいます。丸矢印を小さい部分でとなりと向きを揃えるというのはできるけれど、メビウスの帯全体では揃えられないということです。これも、アニュラスとメビウスの帯の性質の違いです。

講演会などでこの話をしたときに、「同じことをやってみたら、メビウスの帯なのに丸矢印の向きが全体で揃いました。どうしてですか？」という質問をされたことがあります。

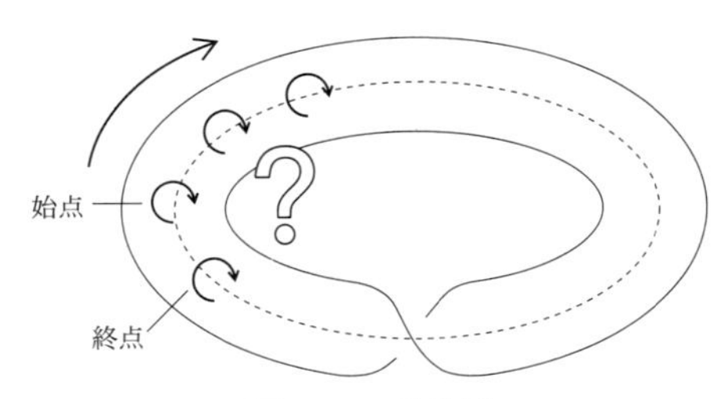

図 1.24　失敗例
※インクが染み込まないペンと紙を使っています。

この質問をした方は「インクが裏まで染みないペン」で、描いてしまったのです。そのため両面に丸矢印が描かれてしまうので丸矢印の向きが全体で揃ったのです（図 1.24)。実際に確かめてください。

他にもアニュラスとメビウスの帯には、こういう違いがあります。アニュラスの境界は、円周 2 個です。メビウスの帯の境界は、円周 1 個です。これは紙の縁をペンでなぞってみるとよくわかると思います（図 1.25)。

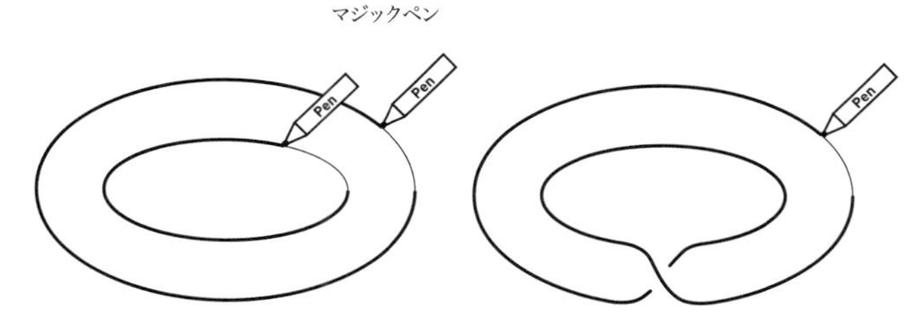

図 1.25　アニュラスとメビウスの帯の境界
※インクが裏まで染みるペンと紙を使ってください。

1-5 何回か捻ったアニュラスとメビウスの帯をハサミで切ると？

さきほど、アニュラスとメビウスの帯を中心線で切るとどうなるかを紹介しました。アニュラスは2本に、メビウスの帯は1本のままというのがその結果でした。このとき、このアニュラスは捻らない（＝0回捻った）ものでした。

では、1回捻ったアニュラスを中心線で半分に切ったとき、どのようになるかを考えてください（図1.26）。できたら、実際に紙とハサミでやってみましょう。

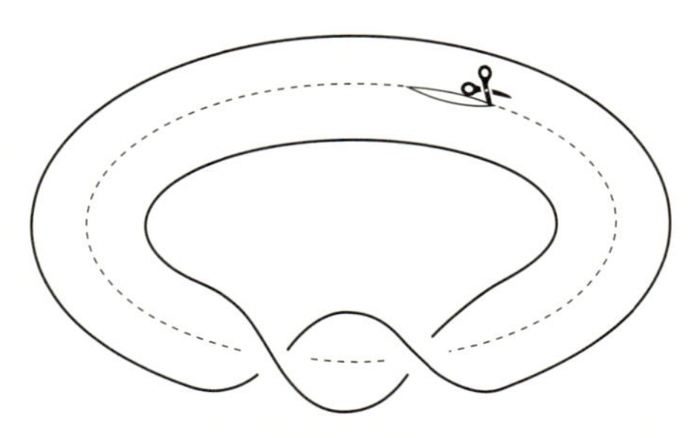

図 1.26　1回捻ったアニュラスを中心線で切る

答えは、2個のアニュラスになります。ここで注意しないといけないことがあります。それは、この2個のアニュラスは「絡んでいる」ということです（図1.27）。

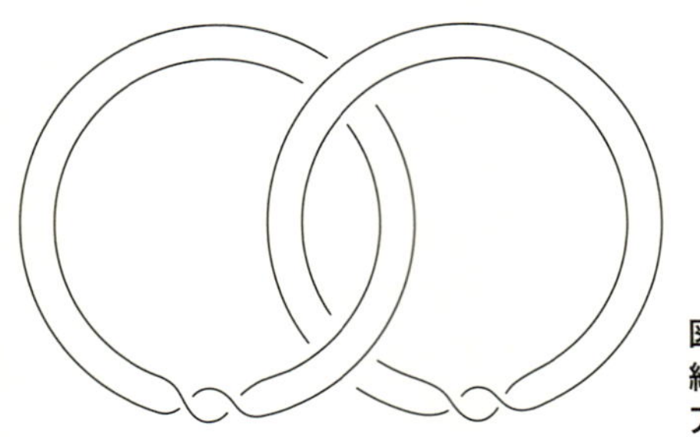

図 1.27 絡んだ2個のアニュラス

さらに、問題を深めて考えましょう。次はメビウスの帯です。しかし、このメビウスの帯は「1回半捻られた状態」で作ります。中心線に沿って一周切りきるとどうなるかを考えましょう（図1.28）。

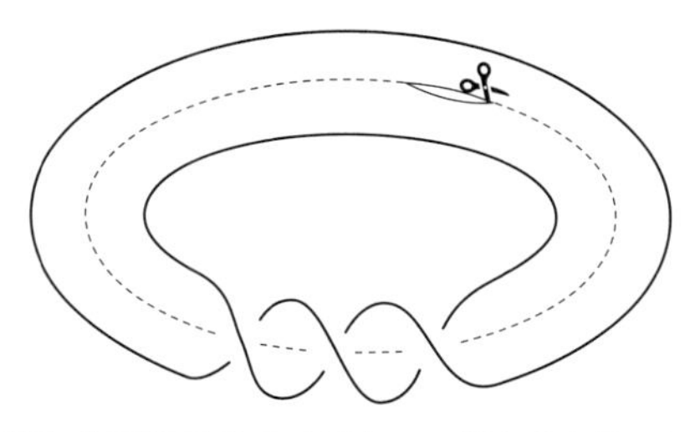

図 1.28　1回半捻りのメビウスの帯を中心線で切ると

1本になると思いますか？　それとも1回捻ったアニュラスの場合のように2本が絡むのでしょうか？

それでは正解です。できあがったものは、「結ばれた」1本のアニュラスです（図1.29）。気になった方は実際に工作して確認してください。

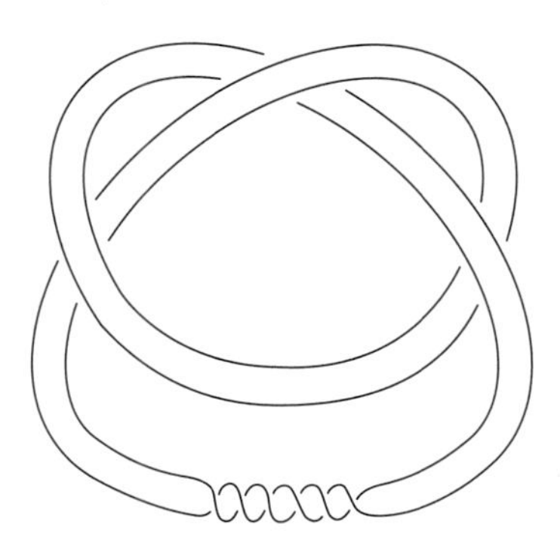

図 1.29　1回半捻りのメビウスの帯を切った結果

結び目理論

円周1個を3次元空間に自己接触なく置いたものを「結び

目」と言います。さきほどの図1.29の中心線は、結び目の例です。結び目というと、日常では線分を（曲げていって）結んだものを考えることが多いのですが、数学用語では「円周を結んだもの」です。

結び目は、数学だけでなく物理、宇宙論、化学、生物学などさまざまな研究のなかに応用されています。

円周n個を3次元空間に自己接触なく置いたものを、「n成分絡み目」と言います（nは自然数）。結び目と「1成分絡み目」は同物異名です。さきほどの図1.27の絡んだアニュラスの中心線2本は「2成分絡み目」を形成しています。

どのような結び目や絡み目があるのか？　結び目や絡み目にはどのような性質があるか？　ということを研究する数学の分野を「結び目理論」といいます。

偉大な理論物理学者のエドワード・ウィッテンは、結び目理論が宇宙論や超弦理論と非常に関係が深いということを発見しました。彼は超弦理論を専門とする物理学博士ですが、ノーベル物理学賞ではなくて数学の賞であるフィールズ賞を受賞しています。

結び目理論と、超弦理論や素粒子論との関係については、8章で紹介します。

もっと捻ったらどうなる？

この章の最後に、捻る回数をさらに増やした場合について見ていきましょう。

2回捻った状態のアニュラス（図1.30）を中心線に沿って一周切りきるとどうなるでしょう。

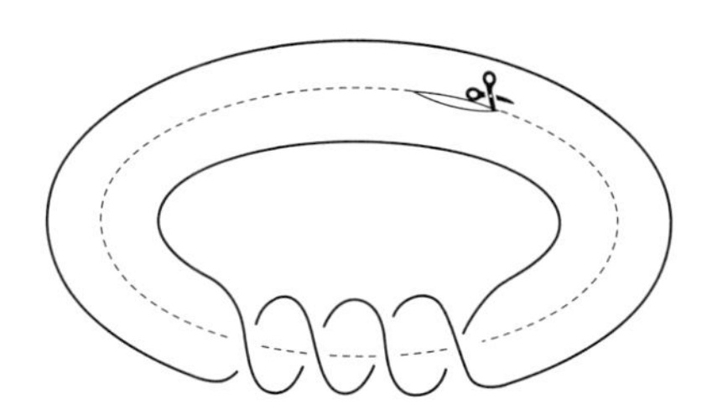

図 1.30　2 回捻ったアニュラスを中心で切ると

どのようなものが得られるでしょうか？

答えは、図 1.31 のように 2 個のアニュラスが絡んでいます。ただし、絡み方がさきほどの 1 回捻ったアニュラスを切ったときの絡み目とは違うことに注意してください。また、それぞれのアニュラスは捻られています。その捻られ方も異なります。

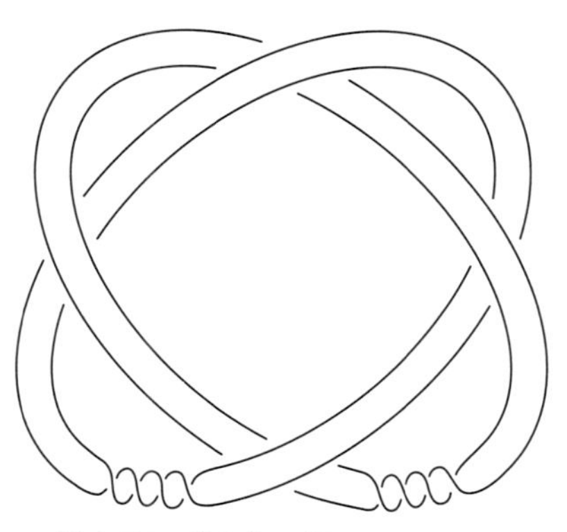

図 1.31　絡んだ 2 個のアニュラス

n をなんでもいいので整数とします。n 回捻られているアニュラスを中心線に沿って切った工作の結果、できたものの中心線を「$(2,2n)$ トーラス絡み目」と言います。また、$\left(n+\frac{1}{2}\right)$ 回捻られているメビウスの帯を、中心線に沿って切ったときに、できたものの中心線を「$(2,\ 2n+1)$ トーラス結び目」と言います。このトーラスは、1-3 節で見たトーラスに由来します。

ところで、下の図 1.32 を見てください。

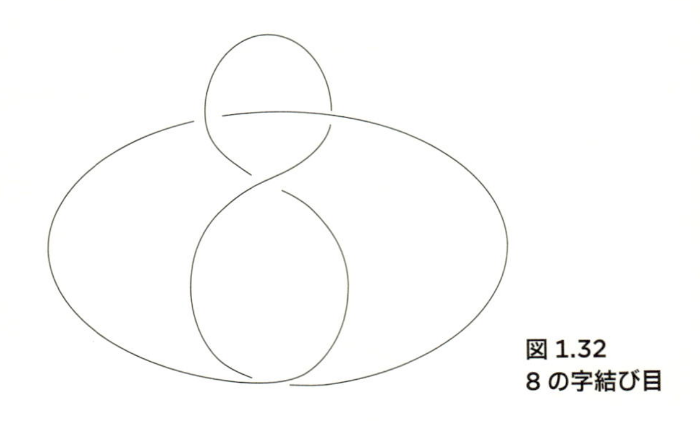

図 1.32
8 の字結び目

この結び目は「8 の字結び目」(figure eight knot) と言います。8 の字結び目は、「アニュラスもしくはメビウスの帯を中心線で切る工作」では出ません。これは、古くから知られています。

結び目の性質の研究は現在も発展しています。宇宙や高次元空間の研究にも「結び目理論」は欠かせないものです。このことは 8 章で紹介します。

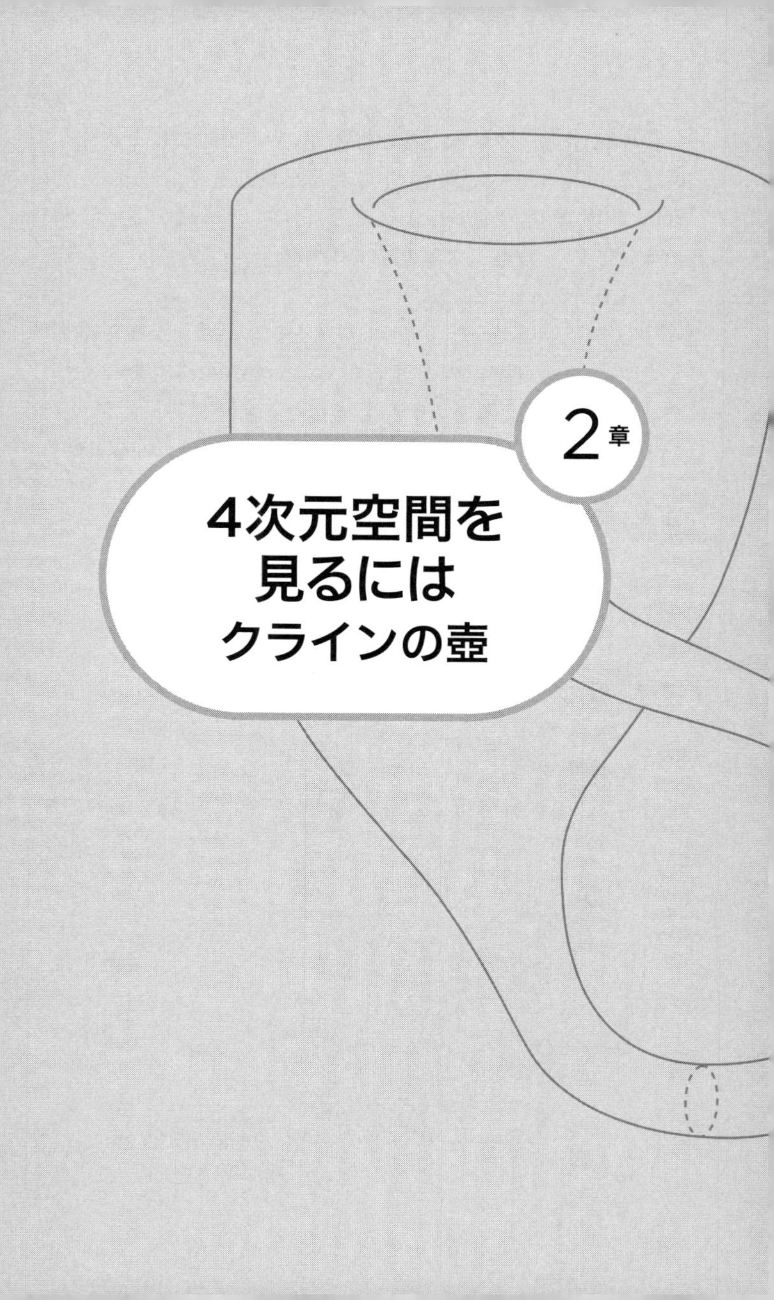

2章
4次元空間を見るには
クラインの壺

我々は宇宙空間の次元を３より大きいと見なして研究しています。そもそも「数学的に４次元空間を考えられる」のも、「自然界を記述するのに『たて・よこ・たかさ・時間』の４個要る」のも、大昔からまじめな科学者ならみんな知っていました。

序章や１章で述べたとおり、アインシュタインが相対論発表したあたりから宇宙の研究のために、４次元以上を、それ以前よりも深く考える必要が生じました。ただ、アインシュタインが「宇宙は４次元だ」と初めて言ったわけではありません。

そこでこの章では、４次元、さらにはそれ以上の高次元を見るための準備を始めたいと思います。この章で紹介することは、それ自体重要な事ですが、「まえがき」の冒頭に出したクイズの回答を紹介するための準備でもあります。

2-1 クラインの壺

次の図形を考えましょう（図 2.1）。正方形 ABCD を用意します。この正方形はまわりの辺だけでなく中身もあります。

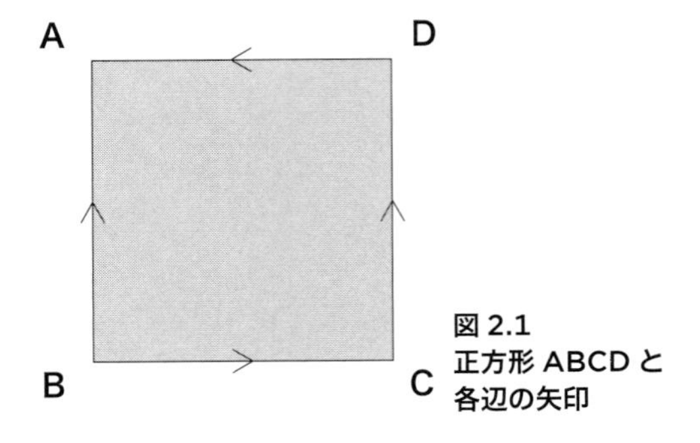

図 2.1
正方形 ABCD と
各辺の矢印

正方形の4つの辺に、図2.1のように矢印を付けていきます。

この図形の、辺ABと辺DCを同一視します。矢印の向きが合うように注意してください。辺DAと辺BCを同一視します。これも矢印の向きが合うようにします。これらの同一視をして新図形を自己接触しないように作ります。さて、どんな図形ができるでしょうか。

前章ではトーラスを作りました。トーラスとはアニュラスを引き延ばしてつなぎ合わせたドーナツの表面のような形でした。

さて、図2.1を見ると辺ABと辺DCの矢印は同じ方向を向いていますが、辺ADと辺BCの矢印は反対方向を向いています。この工作は完成できるでしょうか。もし可能なら、どういうものができるのでしょうか？　できそうなところから、順番にやってみましょう。

まず、辺ABと辺DCを矢印の向きが合うように貼り合わせましょう。これは1章でトーラスを作ったときと同様にできます（図2.2）。

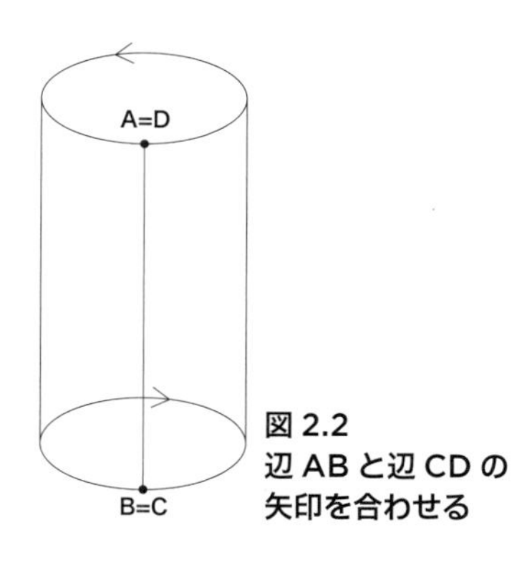

図2.2
辺ABと辺CDの矢印を合わせる

続いて、辺ADと辺BCを矢印の向きが合うように貼り合わせなければなりません。どうすればよいでしょうか。貼るときに正方形ABCDを引き延ばしたり曲げたりしてもかまいません。新図形は自己接触しないものとします。

なんだか無理そうです。

では、こうしたらどうでしょう。さきに辺ADの矢印と辺BCの矢印を同じ向きに合わせた（半捻りした）メビウスの帯を作ります。

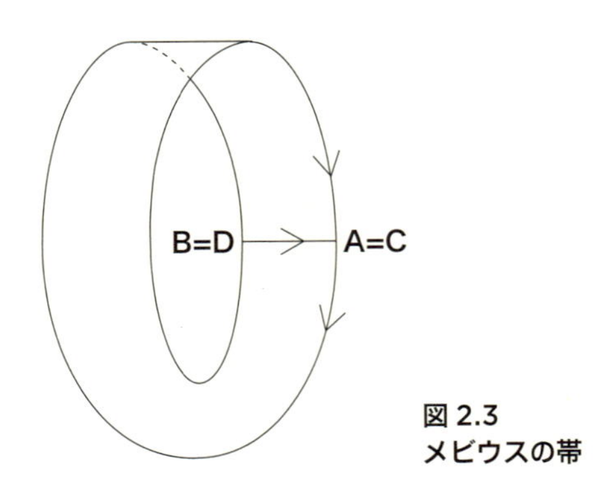

図 2.3
メビウスの帯

当然、辺ABの矢印と辺DCの矢印は図2.3のような向きになります。では、ここから辺ABと辺DCを矢印が同じになるように貼り合わせられるでしょうか？

これも無理そうです。

では、両方を同時に貼れば……そんなことを言われても、どうやったらいいのかわかりません。

じつは、この工作は、我々の住んでいる空間、3次元空間ではできないことが知られています。新図形は、どうしても自己接触してしまいます。

しかし、「4次元空間」の中では、新図形（＝できあがる図形）が自己接触しないように工作できます。できあがる図形を「クラインの壺」と呼びます。クライン（1849-1925）は偉大な数学者の名前です。この図形を考案したので、その名を冠しています。

曲面は2次元空間（平面＝たて・よこの自由度のある空間）を曲げたものです。曲面の次元は2次元ですが、それについて深く考えようとすると、上述のように4次元が自然に出てくるのです。

2-2 クラインの壺と3次元空間

前述の工作は、3次元空間の中では自己接触なくできないが、4次元空間の中ではできる、とはどういうことでしょうか。クラインの壺がどんな形をしているのか説明します。もちろん、4次元空間の中の図形を空想します。想像してください。気合いを入れて、本気で空想しましょう。だんだんと見えてきます。コツさえつかめれば4次元空間を見ることはそれほど難しいことではありません。

なぜ、クラインの壺は4次元空間の中では自己接触なく実現できるのか、それを理解する準備をします。さきほどの条件を少し緩めて「少しなら自己接触をしていてもいい」としましょう。

図2.4をご覧ください。まずアニュラスを作ります。円柱の上の円周を内側にへこませていきます。次に、下の円周をギュッと引き延ばします。伸ばした下の円周の先端を円柱の

側面をくぐるようにして、内側にへこませた上の円周とつなぎ合わせます。

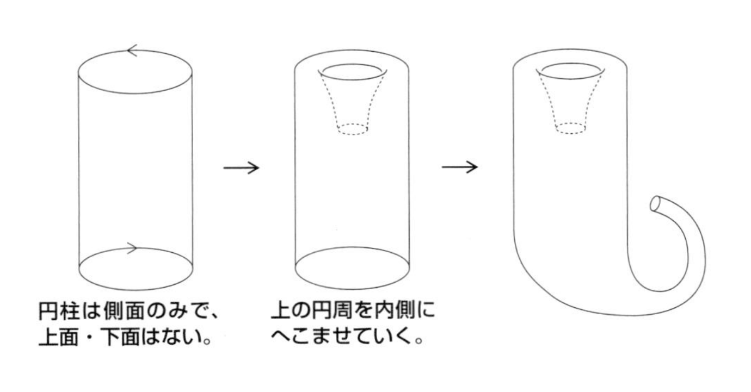

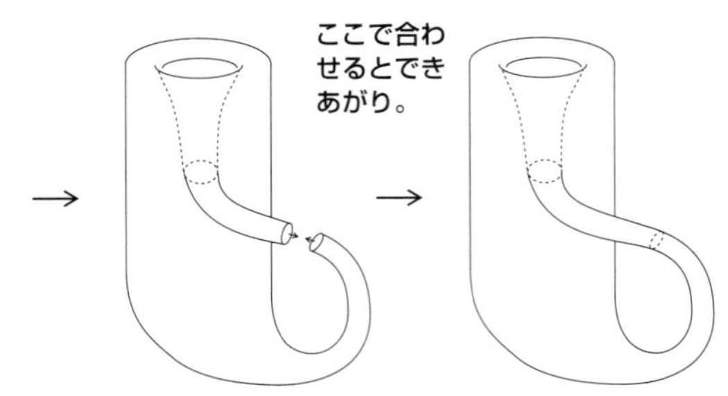

自己接触させて側面を突き抜けた矢印の向きは同じで、貼り合わせられることに注意。

図 2.4 「3 次元空間にはめこまれたクラインの壺」の作り方

どうでしょう。たしかに一部は自己接触していますができました。図 2.4 の完成形を大きく描いたものが図 2.5 です。これは「3 次元空間にはめこまれたクラインの壺」と呼ばれます。この図形は側面（円を描いてあるところ）で自己接触しています。

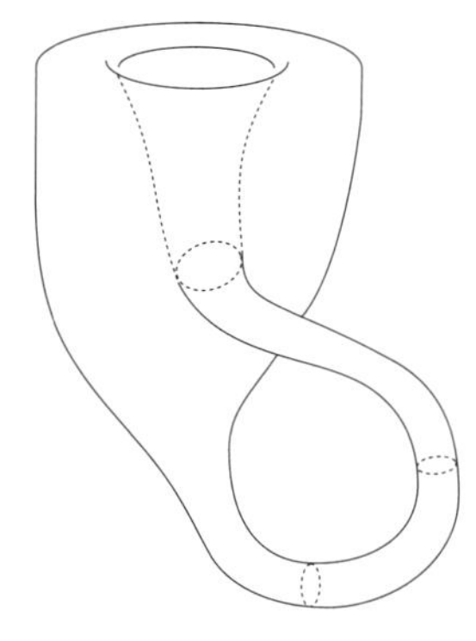

図 2.5
3 次元空間にはめこまれたクラインの壺
この図形は側面（図中の円のところ）で自己接触している。

「はめこむ」というのは数学用語です。クラインの壺を3次元空間にはめこむやり方はほかにもありますが、ここでは深入りせず先に進むことにします。また、本によっては図2.5をおおらかにクラインの壺と言います。ですが、自己接触しているので厳密には正しくありません。

2-3 4 次元空間 $\mathbb{R}^4$

クラインの壺は、3次元空間ではどうやっても自己接触しますが、4次元空間では自己接触せずに実現できます。どうすればよいか、もう、思いつきましたか？

思いつかなくても当然です。なぜなら4次元空間について、皆様にまだきちんと説明していないからです。

私たちの住んでいる世界では、小さい点状の物体の位置は「たて・よこ・たかさ」の3個の数字がわかれば決まります（図2.6）。とりあえず、ふだん暮らしているぶんにはそうです。

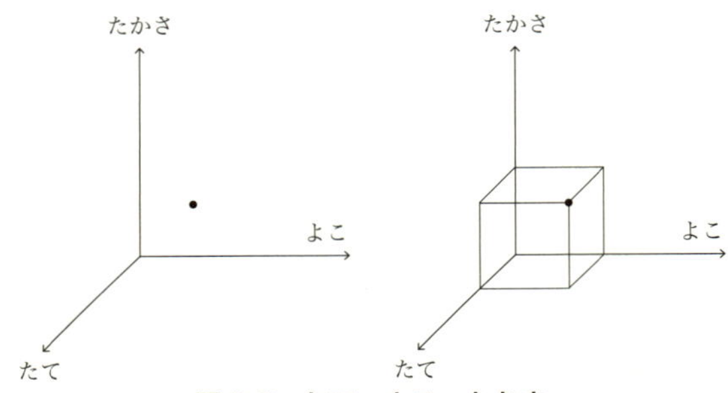

図 2.6　たて・よこ・たかさ

この世には時間もあるじゃないか、と思われた方もいらっしゃいますか。いいところに気がつきました。

まずは、ある時刻の一瞬のことを考えるとします。もしくは、時間をある一瞬に止めたとしましょう。本当に止められるかということは考えず、想像上、時間をある瞬間に止めたと考えてください。こうやって空想することはとても大事です。

ある点の位置が3個の数字で決まります（図2.6の右）。また、その3個の数字はお互いに関連なく自由に決められるとします。そういう世界を、3次元空間、もしくは「3次元空間 $\mathbb{R}^3$（アールスリー）」と呼びます。また、この「次元」は「自由に決められる数字の個数」という意味に考えてください。

ある一瞬、ある一点が光ったとします。これは、たて・よこ・たかさの位置と時間の4個の数字で特定できます。このように、4個の数字でひとつの事件あるいは、位置を決められる世界を「4次元空間 $\mathbb{R}^4$（アールフォー）」といいます。当然、時間も考えた我々の日常の空間は4次元空間 $\mathbb{R}^4$ と見なせます。4次元空間 $\mathbb{R}^4$ の概念的な図を描くと図2.7のようになります。

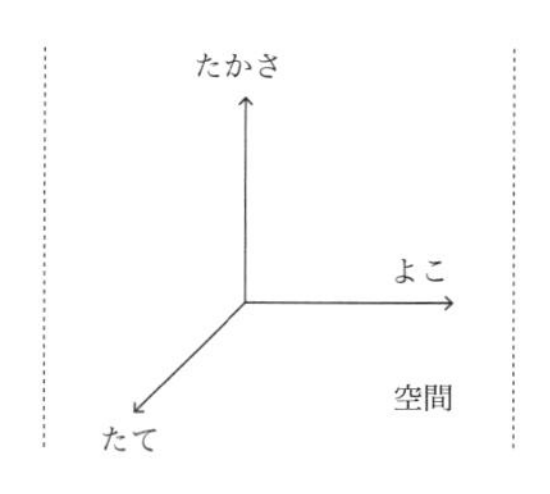

図2.7　4次元の空間 $\mathbb{R}^4$ の概念図1

3次元空間 $\mathbb{R}^3$ とは別に、もう1本軸があります。この軸は、たて・よこ・たかさ、とは別の方向を向いています。この軸が時間の流れを表していると思えば納得できる方は、ここではそう考えてかまいません。また、図2.7では、3次元空間 $\mathbb{R}^3$ は1個しか描きませんでしたが、図2.8のようにたくさんの3次元空間を描いてもかまいません。当然、各時刻に3次元空間 $\mathbb{R}^3$ があるので無限個あるわけですが、無限個は描けません。

図2.8でのひとつひとつは、それぞれの時間における3次元空間を表していると考えることができます。もちろん、4次元空間 $\mathbb{R}^4$ の4番目の数字は、時間ではなく、温度や湿度でもいいです。

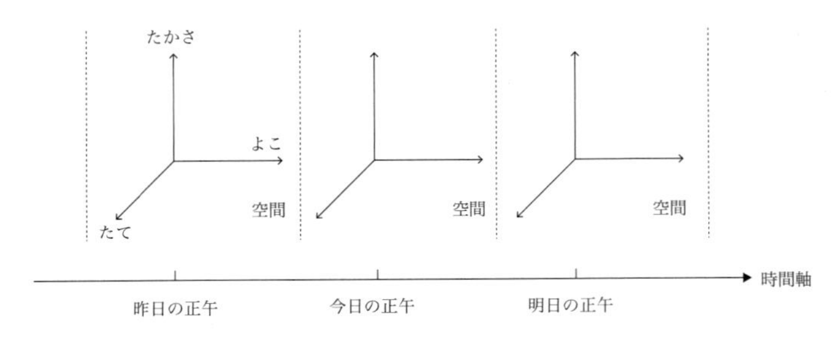

図 2.8　4 次元空間 $\mathbb{R}^4$ の概念図 2

図 2.8 では、もう 1 本の軸を時間と見なします。図中の 3 個の 3 次元空間は、左から昨日の正午、今日の正午、明日の正午を描いたものです。

時間は連続で流れますが、ここでは 3 つの瞬間を取り出しています。4 次元空間 $\mathbb{R}^4$ は、3 次元空間 $\mathbb{R}^3$ が、4 つめの軸の方向に動き、その通った「跡」と見なせます。

さて、次のことを考えてください。たて・よこ・たかさ・時間で位置が決まる 4 次元空間 $\mathbb{R}^4$ を考えます。

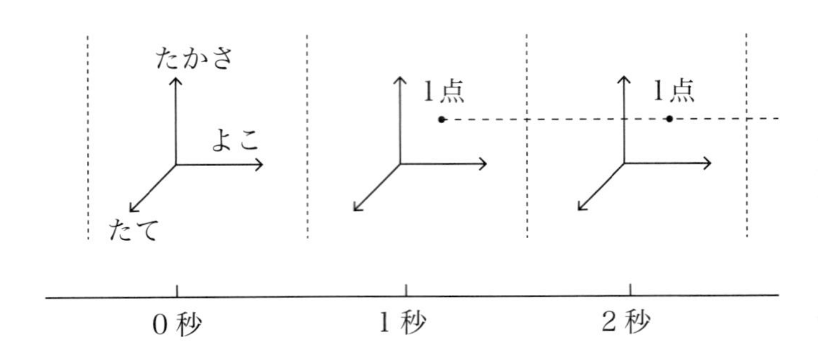

ちょうど、時刻1秒のときに点光源が光り、そのままの位置で2秒間だけ光ったとします。そして、時刻3秒にその光は消えました。これを図にすると図2.9のようになります。

さあ、このとき「光っていた状態」は、4次元空間$\mathbb{R}^4$の中でどういう図形になっているでしょうか？

そうです、線分になります。読者の皆様にも見えたと思います。そうです、4次元空間$\mathbb{R}^4$の中の図形が見えた、ということです。

これの次元を1個下げた類推は以下のようになります。

たて・よこ・たかさで位置が決められる3次元空間$\mathbb{R}^3$の中に棒を置きます。その空間をよこ軸に垂直に切っていった断面を考えましょう。左から切り口を順に見ていくと、最初は何もありません。ちょうど、棒の端の位置で切り口に点が現れてしばらく続きます。やがて、また点がなくなります（図2.10）。

このように1個次元の低い場合を類推し、逆に、そこから1つ次元を上げたものを空想するというのは、高次元を見る

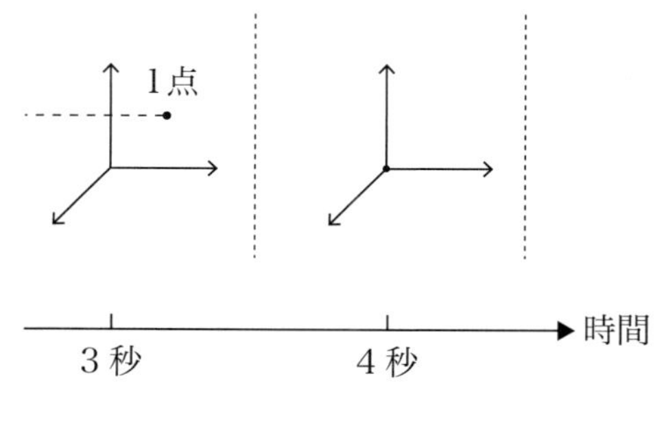

図2.9
時刻1秒から
2秒間点光源が光る

ために大事です。

ここでひとつ注意してください。上述の、たて・よこ・たかさ・時間で決まる4次元空間の場合に説明します。今の場合、物理用語の空間は、時間を考えない、たて・よこ・たかさで決まる3次元空間のことです。今の場合は4次元空間を「4次元時空」と言います。時間と空間を合わせて時空です。ということは「4次元時空」は、数学でいう「空間」の一種です。空間という語の定義が2種類あるということです。本

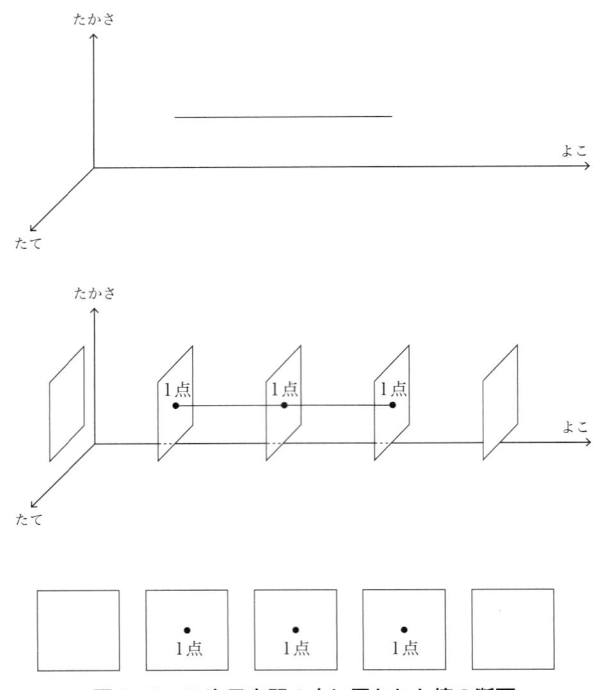

図 2.10　3次元空間の中に置かれた棒の断面

書で空間というと、おもに数学用語の意味での空間です。さらに、数学で空間というのは、もう少し広い意味で使われることもあります。しかし、それぞれ定義はきちんとあります。言葉の綾ですのでお気になさらぬように。

さあ、4次元空間の中でクラインの壺を構成する話に近づいてきました。

2-4 クラインの壺と4次元空間

もう一度、図2.1に戻ります。4次元空間内であれば自己接触せずにクラインの壺を作ることができると言いました。

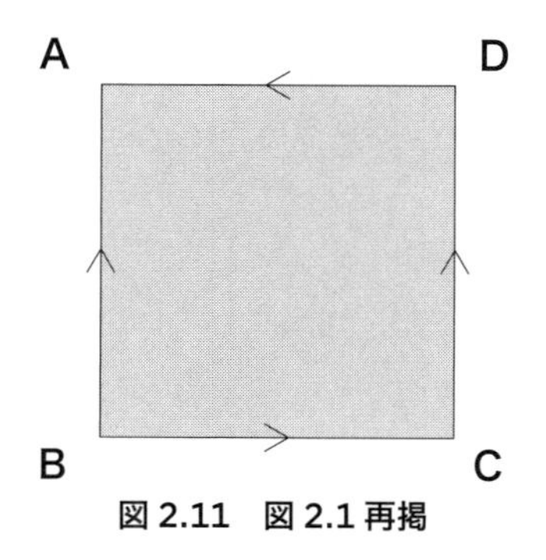

図2.11　図2.1再掲

クラインの壺を3次元空間 $\mathbb{R}^3$ へはめこんだものが、次の図2.12でした。

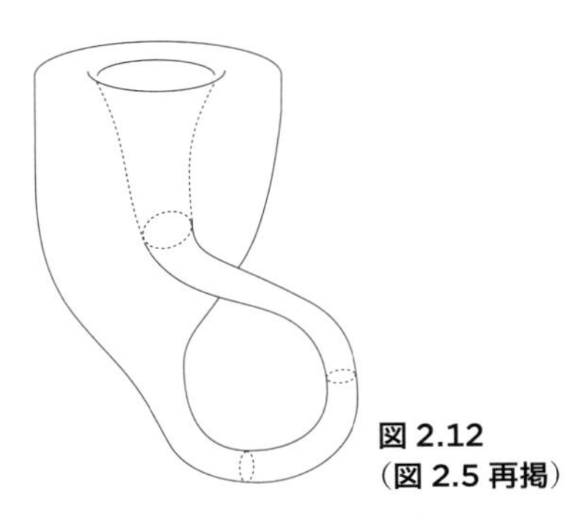

図 2.12
（図 2.5 再掲）

この図 2.12 と似ていますが少し違う図を作ります。3 次元空間 $\mathbb{R}^3$ で自己接触したクラインの壺を作ったとき（図 2.4）と似た手順です。まず、辺 AB と辺 DC を合わせたアニュラス（筒）を作り、その側面から小さい円板を取り除いたものを用意します。あとは同じ手順です（図 2.13）。

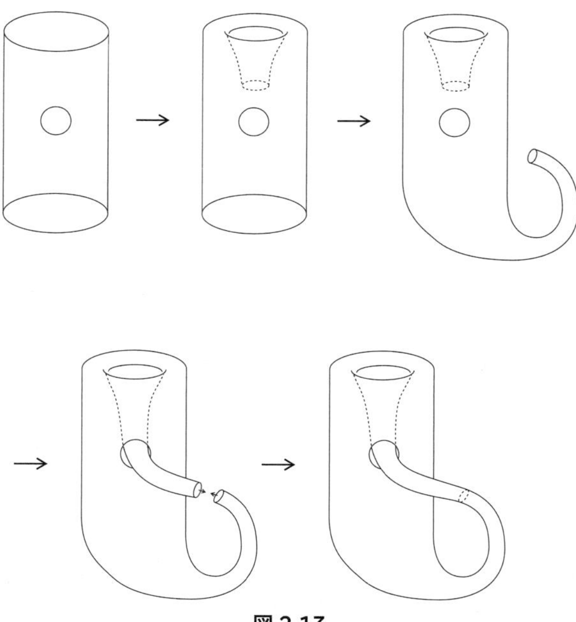

図 2.13
3 次元空間での自己接触ない「クラインの壺－円板」の作り方

この図の完成形（図 2.13 の下段右）を取り出したものが図 2.14 です。この図形は自己接触なしです。

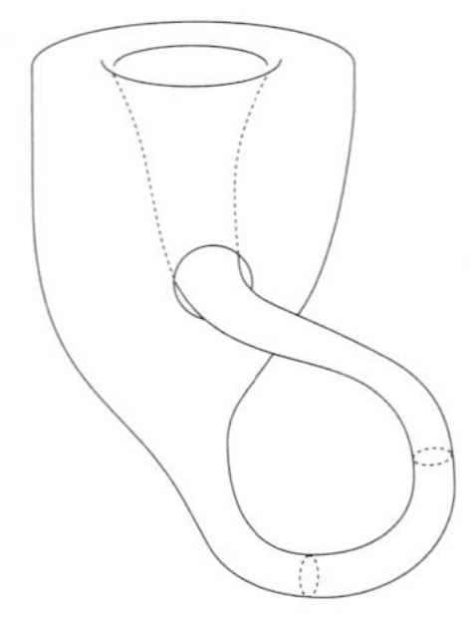

図 2.14
クラインの壺−円板

とりあえず、この図形を「クラインの壺ー円板」と呼ぶことにします。ここで、「ちょっと待った。これは3次元の図だ。4次元は関係ないでしょ！」と思った方、正しいです。取り除いた円板をちゃんと元に戻さないといけません。クラインの壺ー円板の側面の穴に円板を貼ろうとすると、3次元空間 $\mathbb{R}^3$ の中ではかならず自己接触します。ところが、4次元空間 $\mathbb{R}^4$ の中では、自己接触しないように、側面の穴に円板を貼ることができるのです。

4次元空間 $\mathbb{R}^4$ をもう一度考えてみよう

たて・よこ・たかさ・時間で決まる4次元空間 $\mathbb{R}^4$ を考えます。

今度は、4次元空間 $\mathbb{R}^4$ の中に円がある状態を考えます（図2.15）。

時刻1秒のところで、この円の円周が光ったとします。その後、2秒間光り続け、時刻3秒で光は消えました。

さて、「この光っていたところ全体がなす図形」はどのような形でしょう。

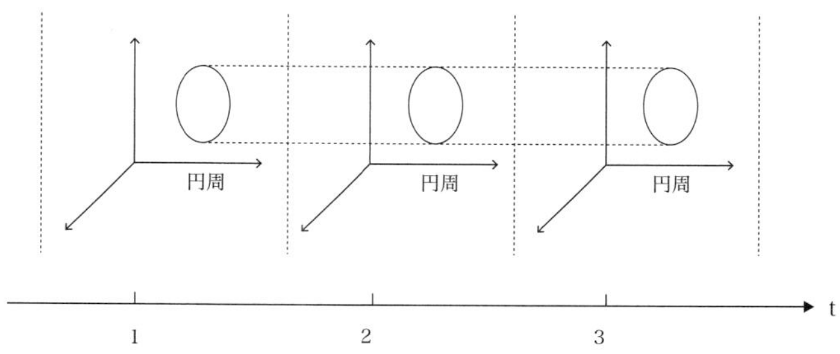

図 2.15　4 次元空間 $\mathbb{R}^4$ の中の円周が時刻 1 秒から 2 秒間光る

おわかりになったことと思います。答えは、円柱の側面です。必要なら次元を 1 個下げて類推してください。3 次元空間に円柱の側面のみを置いて、横軸に垂直な面で切っていく感じです（図 2.16）。

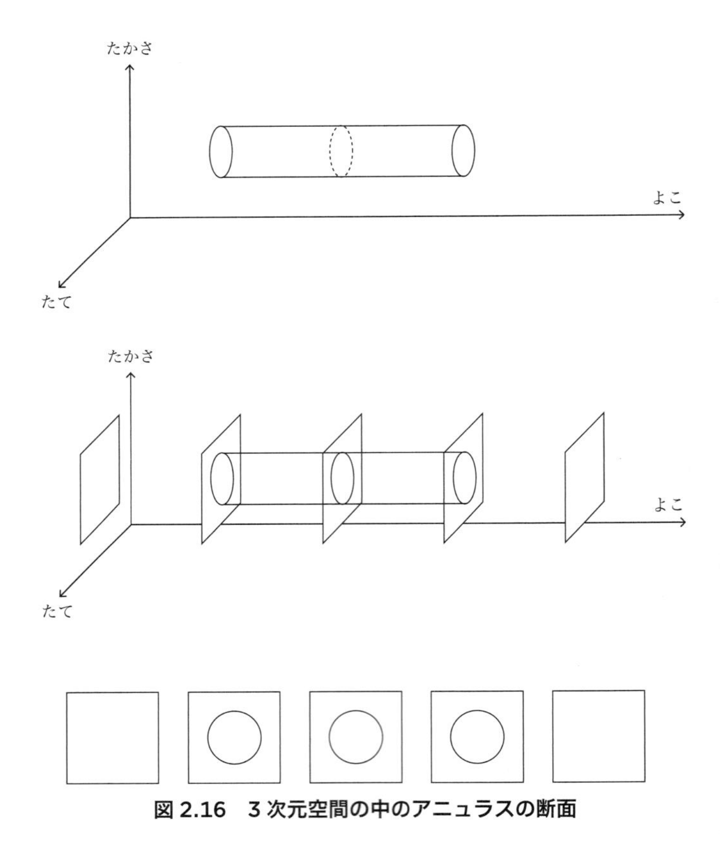

図 2.16　3 次元空間の中のアニュラスの断面

さらに考えてみましょう。次は、こういう問題です（図 2.17）。

4 次元空間 $\mathbb{R}^4$ の中に円があります。時刻 1 秒のところで、円周が光ります。その後、2 秒間光り続け、時刻 3 秒ではこの円周を境界にもつ円板の形に光ったとします。さて、この光っていたところ全体のなす図形はどのような形でしょう。

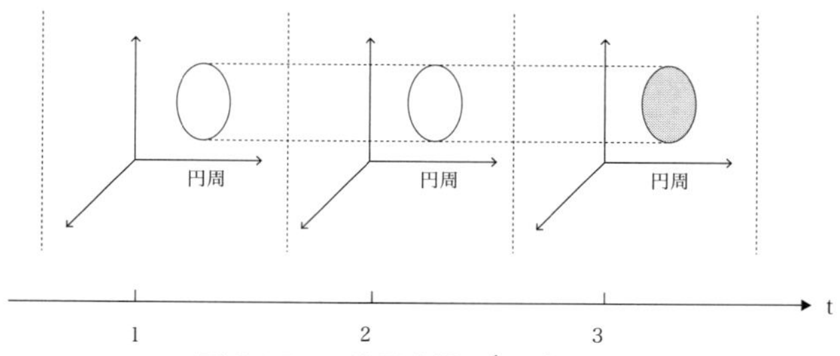

図 2.17　4 次元空間 $\mathbb{R}^4$ の中の図形

もうおわかりだと思います。答えは、タンブラーのような形です。円柱の側面と片側のみの底がある図形です（図 2.18）。

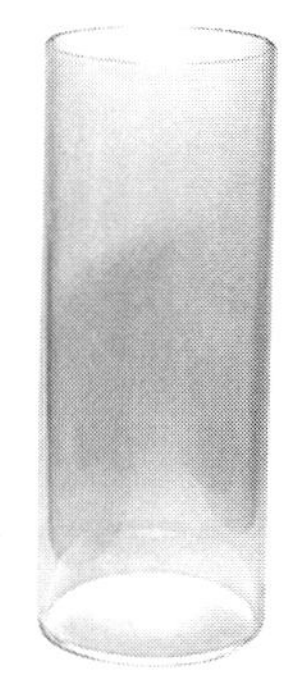

図 2.18
タンブラー状の図形

図 2.18 でできた図形の側面を引き延ばしてみましょう。このタンブラーはどのような形になるでしょうか。

答えは、円板のような形になります（図 2.19）。

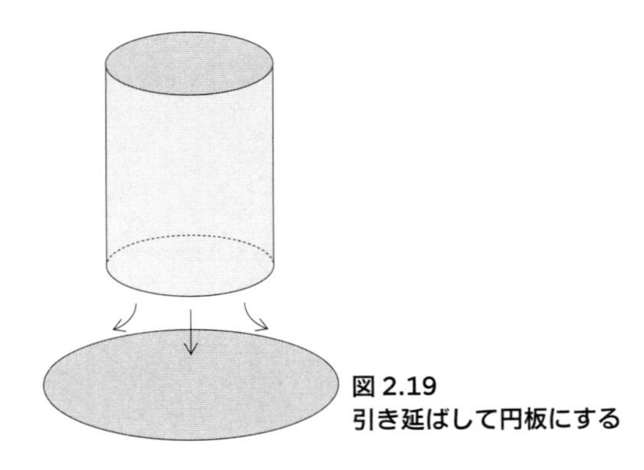

図 2.19
引き延ばして円板にする

引き延ばしても同じものと考える立場では、コップも円板も同じなのです。

2-5 クラインの壺ができた！

では、クラインの壺を完成させます。

さきほどの「クラインの壺ー円板」を思い出してください。

いま、4次元空間 $\mathbb{R}^4$ の中に「クラインの壺ー円板」を置きます。ただし、時刻1秒の一瞬だけ存在するものとします。ほかの時刻にはなにもありません（図 2.20）。

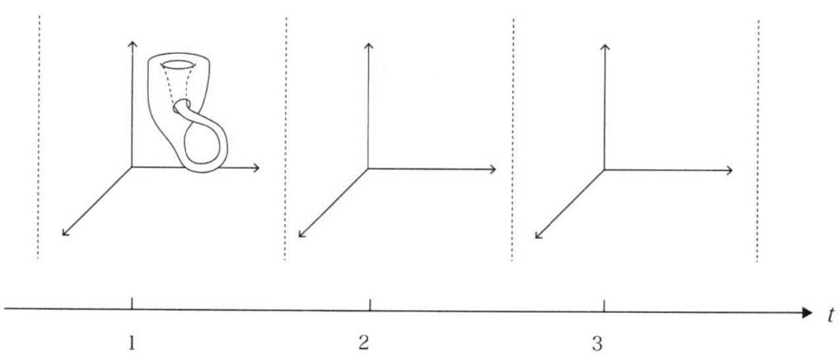

図 2.20　4 次元空間 $\mathbb{R}^4$ の中の「クラインの壺ー円板」

では、この「クラインの壺ー円板」に切り取った円板を貼ることにしましょう。図 2.21 をご覧ください。

まず、この「クラインの壺ー円板」の境界は円周です。この境界に切り取った円板を貼ります。境界の円周同士をぴったりと同一視します。そして、完成する新図形が自己接触ないように作ります。このとき、時刻 1 秒以後で 3 秒以下のところに、さきほど考えた「4 次元空間 $\mathbb{R}^4$ の中の円板」（図 2.17）をつけたすのです。4 次元空間 $\mathbb{R}^4$ の中の円板はタンブラーのような形をしていました。するとどうなるのでしょうか。時間を追って考えてみましょう。図 2.21 をご覧ください。

まず、時刻 1 秒未満では図形が存在しないので自己接触しようがありません。

時刻 1 秒のところには「クラインの壺ー円板」だけがあります。当然、自己接触していません。

時刻 1 秒より後（時刻 1 秒を含まない)、時刻 3 秒より前（時刻 3 秒を含まない）の各時刻ではどうでしょうか。ここでは円周が 1 個存在するだけです。これも自己接触していません。

時刻 3 秒のところに、自己接触していない円板があります。

時刻 3 秒より後には図形がないので自己接触しようがありません。これを図で表したものが図 2.21 です。

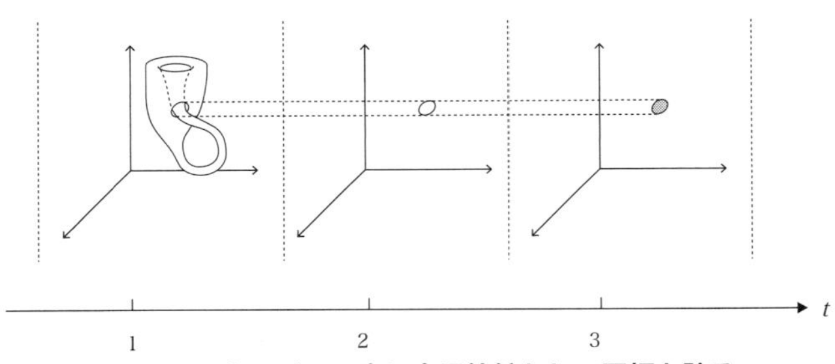

図 2.21　クラインの壺に自己接触なしで円板を貼る

このように、すべての時刻で自己接触していません。これが、4 次元空間 $\mathbb{R}^4$ に置かれた自己接触のないクラインの壺なのです。

以前、この説明をしたところ「時刻 1 秒のところの図は、細い点線がほかのところと自己接触しているのではないか？」と質問されたことがあります。

図 2.21 の時刻 1 秒のところに注目したものが図 2.22 です。

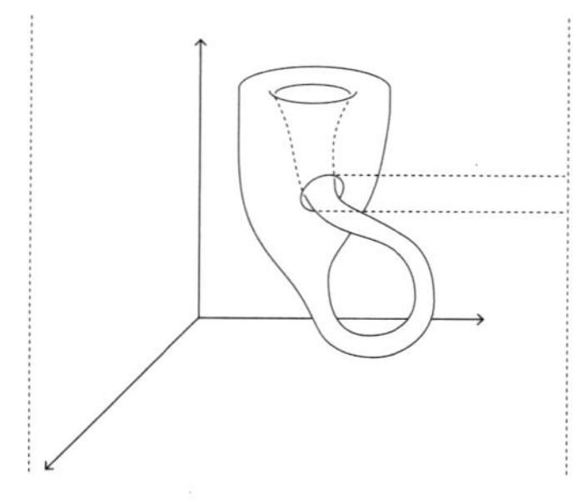

図 2.22
図 2.21 の時刻 1 秒に注目する

ここで、この点線は円周が「時間軸に沿って流れていく」という気持ちを表す概念的なものです。時刻 1 秒のところに実際にあるのは「クラインの壺ー円板」だけです。この点線は概念的な補助ですので「クラインの壺ー円板」と交わっていません。

クラインの壺は「向き付け可能」か？

前章でメビウスの帯は向き付け不可能だという話をしました。では、このクラインの壺はどうでしょう。じつは、向き付け不可能です。

なぜなら、クラインの壺は、メビウスの帯を一部に含んでいます（図 2.3 参照）。もし、クラインの壺が向き付け可能であるとすると、メビウスの帯も向き付け可能だということになってしまい、これは矛盾です。

2-6 クラインの壺の工作

クラインの壺を作ってみよう

実際に、クラインの壺を作ってみましょう。この工作の動画をインターネットにアップロードしました。ご覧になりたい方は「Ogasa Klein」で検索してください。

もちろん、厳密には3次元空間 $\mathbb{R}^3$ にはめこんだ図形になります。最初に「クラインの壺ー円板」を作成します。

透明なペットボトルとハサミと靴下（薄手の伸びやすいもの）を用意します。

まず、ペットボトルの注ぎ口の下と底を切り取ります。ペットボトルを切るさいに、誤って手を怪我したりしないように注意してください。ペットボトルの真ん中のあたりに穴を

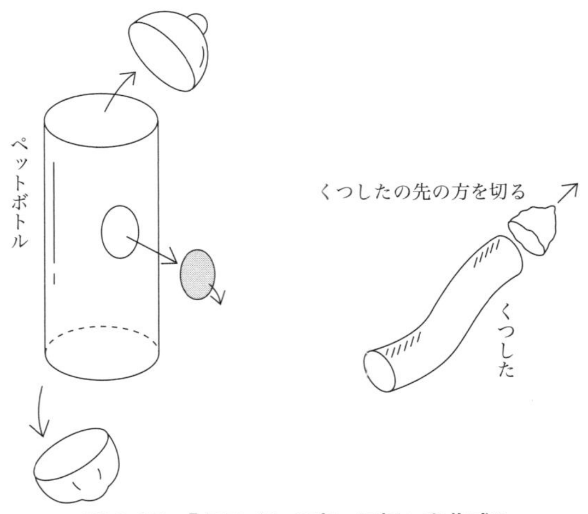

図 2.23 「クラインの壺ー円板」を作成1

空けます（図 2.23 左）。

次に、靴下の先を切り取ります。できたものはアニュラスです（図 2.23 右）。

今度は、ペットボトルの底に靴下の穴の片方をかぶせます。そして、靴下の反対側をペットボトルの外から真ん中に空けた穴に通します。

ペットボトルの中を通し、靴下の先端を上まで引き上げたら、ペットボトルの上にかぶせます。こうして「クラインの壺ー円板」ができあがりました（図 2.24）。

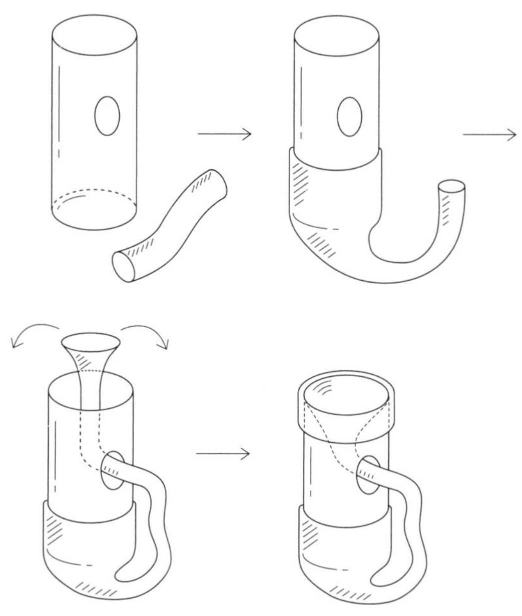

図 2.24　クラインの壺ー円板の作成 2

実際には、なかなか難しいのですが、靴下の長さやペットボトル側面の穴の大きさを調整して自己接触しないように工夫してください。

次に、クラインの壺の3次元空間 $\mathbb{R}^3$ へのはめこみを作ってみましょう（図 2.25）。

さきほどペットボトルから切り取った円板を使います。その円板を、靴下の中に入れておきます。

そして、円板を靴下の中で移動させ、ペットボトルの側面に空けた穴にはめこめば、3次元空間 $\mathbb{R}^3$ にはめこまれたクラインの壺が完成です。ここから4次元空間 $\mathbb{R}^4$ の中のクラインの壺を思い浮かべてください。

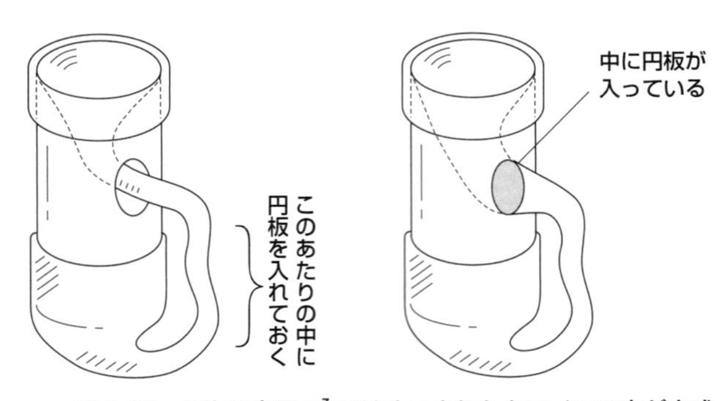

図 2.25　3次元空間 $\mathbb{R}^3$ にはめこまれたクラインの壺が完成

まとめ 2次元を考えていたら、4次元が現れた！

この章で見たトーラスもクラインの壺も、最初は「中身の詰まった正方形」から作りました。「中身の詰まった正方形」の中の点の位置はたて・よこの2個の数字で決まりますので、2次元です。ということは、トーラスもクラインの壺も2次元の図形だといえます。

ところが、このようにクラインの壺について考えると4次元空間 $\mathbb{R}^4$ が現れました。

4次元は、日常の2次元や3次元を考えていても出てくるものなのです。さらに高次元の空間もそうです。この後で見ていくことにしましょう。

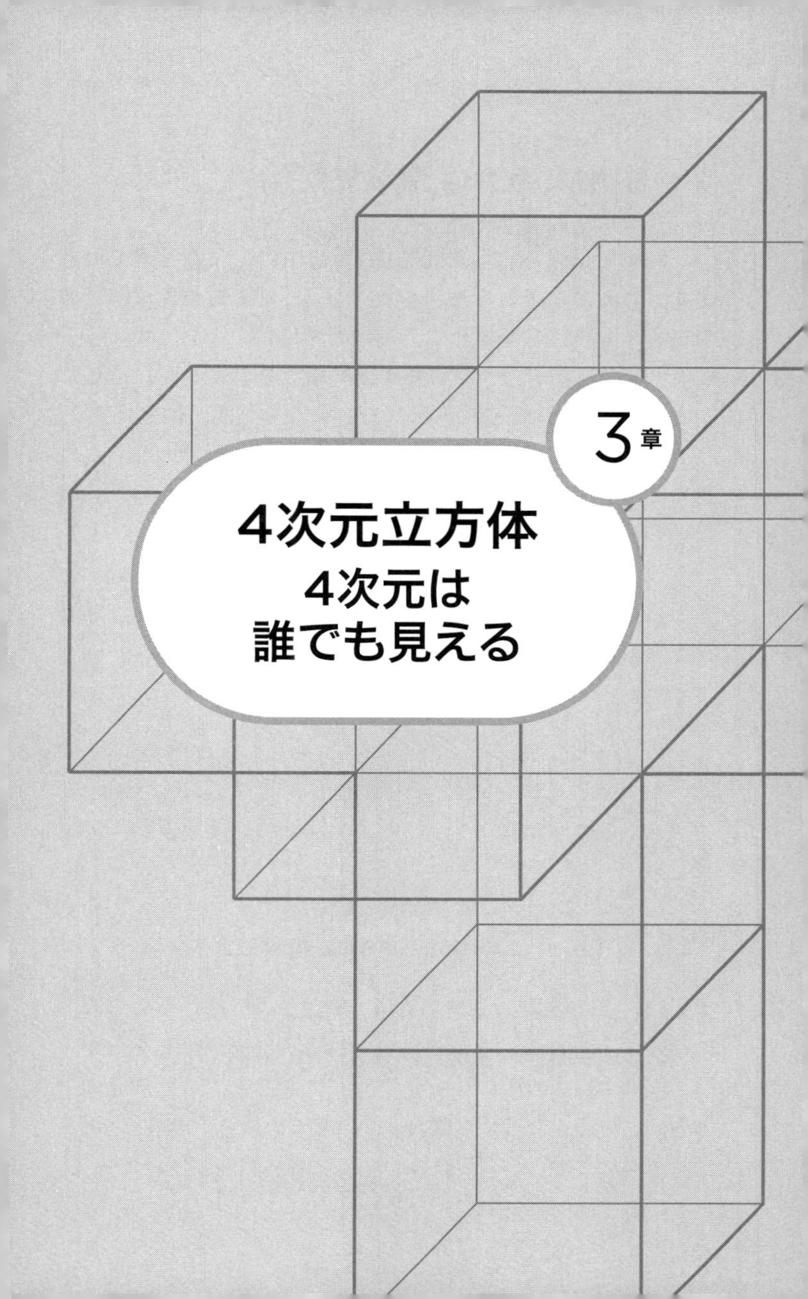

3章

4次元立方体
4次元は誰でも見える

3-1 正方形、立方体、4次元立方体

この章ではさらに4次元空間 $\mathbb{R}^4$ について深く考えていきます。これは、それ自体も大切ですが、「まえがき」の冒頭のクイズへの回答を紹介するための準備にもなります。

図3.1をご覧ください。まず、ある点を考えます。この点がまっすぐ進めば、その軌跡は線分になります（図3.1左）。

次に、その線分が「線分に垂直な方向に」線分の長さだけ進めば、その軌跡は正方形になります。これは中身の詰まった正方形です（図3.1真ん中）。

この「中身が詰まった正方形」が、面に垂直な方向に、正方形の辺の長さと同じだけ進めば、その軌跡は「中身が詰まった立方体」になります（図3.1右）。

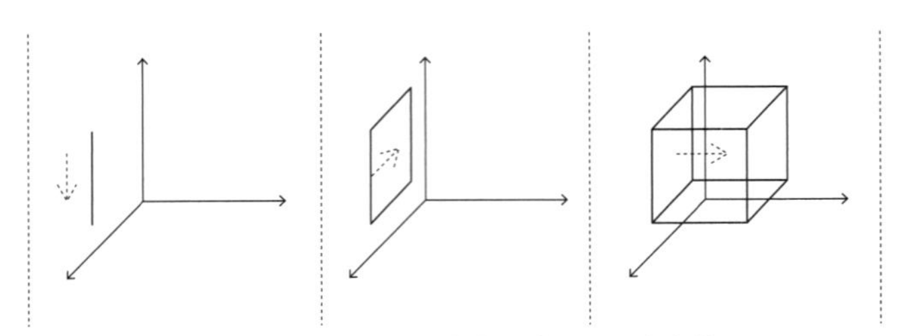

図3.1　点の軌跡から中身の詰まった立方体へ

では、この中身の詰まった立方体を、「なんらかの方向」に動かすとしたら、その軌跡はどのような図形でしょうか？「4次元空間 $\mathbb{R}^4$ の中の3次元空間」にあると思い、第4の軸の方向に動かします。以降は、この第4の軸を「時間」と考えて話を進めますが、それ以外のものと考えてもかまいません。

正解を先にお見せすることにします。

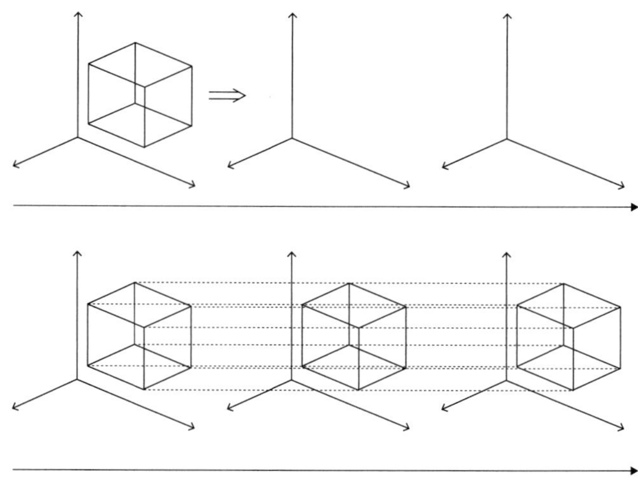

図 3.2　4 次元空間 $\mathbb{R}^4$ の中の立方体

図 3.2 の下の図形になります。この図形を「4 次元立方体」といいます。呼応して、さきほどまで立方体と呼んでいた図形を「3 次元立方体」、正方形を「2 次元立方体」、線分を「1 次元立方体」ということもあります。では、最初に出てきた点はどうでしょうか？　じつは、これを「0 次元立方体」ということも稀（まれ）にあります。

SF 小説や映画などでご存じの方もいらっしゃると思いますが、4 次元立方体は「テッセラクト（tesseract）」、4 次元キューブ（4-dimensional cube）などともいいます。『夏への扉』『月は無慈悲な夜の女王』『宇宙の戦士』などで知られる米国の偉大な SF 作家ロバート・A・ハインラインの作品に「歪んだ家」という短編小説があります。この作品は4次元立方体が登場する名作です。興味のある方はぜひ手に取ってみてください。『コスモス』『コンタクト』などの著者の偉大な物理学者・科学入門書作家・SF小説家のカール・セーガンは「歪んだ家」を激賞しています。

3-2 4次元立方体の見取り図、射影図

4次元空間 $\mathbb{R}^4$ を空想することを続けます。3次元空間 $\mathbb{R}^3$ の事象から類推すると4次元空間 $\mathbb{R}^4$ が見えるようになります。

2次元から1次元への正射影、3次元から2次元への正射影は小学校・中学校・高校で習いました。図形を正射影したものを射影図と言うのでした（図3.3）。では、たて・よこ・たかさ・時間で特徴づけられる4次元空間 $\mathbb{R}^4$ の中の4次元立方体を、たて・よこ・たかさで特徴づけられる3次元空間に正射影することにします。

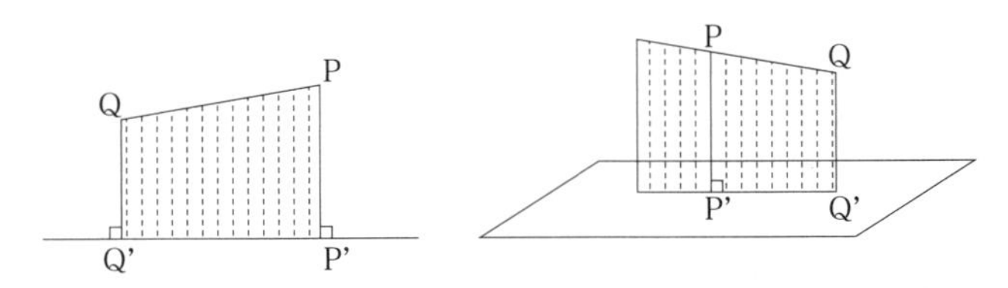

図3.3　2次元から1次元への正射影と3次元から2次元への正射影

次の図3.4は、4次元立方体を3次元空間 $\mathbb{R}^3$ に正射影した図です（「時間軸の方向よりやや斜め」で正射影）。

図3.5（＝図3.2下）をよく見てください。これと図3.4

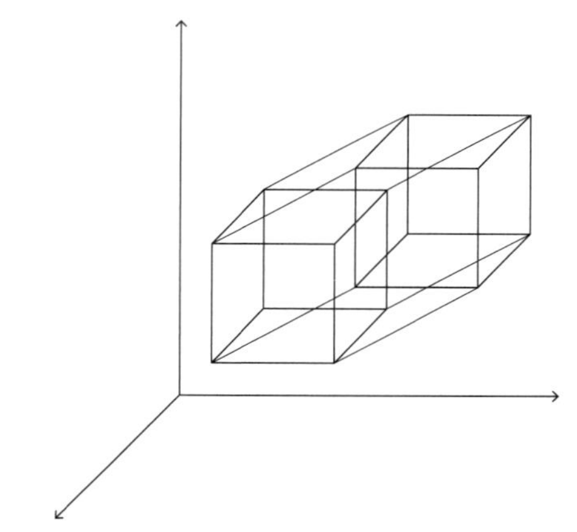

図 3.4　4 次元立方体を 3 次元空間 $\mathbb{R}^3$ に正射影した

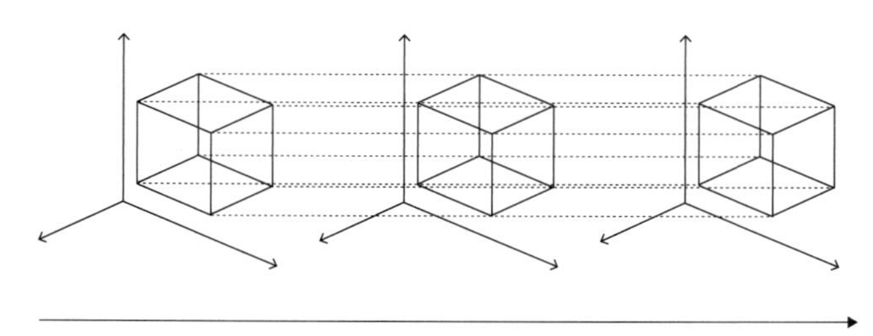

図 3.5　図 3.2 下図を再掲

のふたつは、よく見ると、ほぼ同じような射影図であることに注意してください。どちらも、4 次元立方体を 2 次元平面に描いた図です。4 次元への視力を鍛えるよい練習になりますので、よく見てください。

3-3 4次元立方体の展開図の作り方

立方体の展開図

小学校で立方体の展開図を習ったことがあると思います(図3.6)。厳密には「中身が空(から)の立方体」の展開図というべきですが、これは立方体の展開図と言い習わされています。

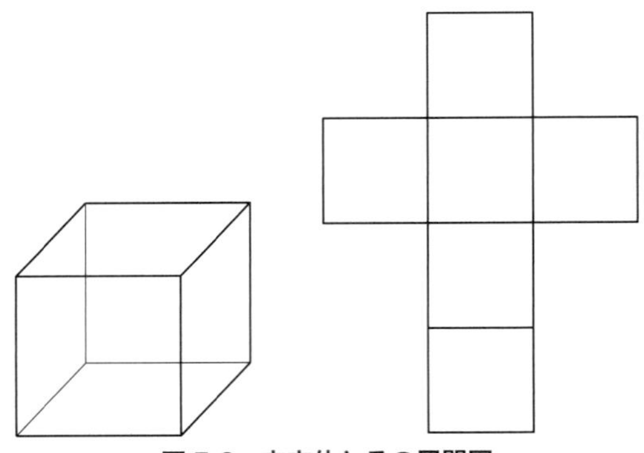

図3.6 立方体とその展開図

「中身が詰まった立方体」は3次元の図形です。「中身が空の立方体」は、展開すると6個の正方形になるので2次元の図形です。このことは大雑把にいうと、3次元の図形の境界は2次元だということです。中学・高校の数学で習う「境界」は、私たちが日常生活で用いている境界という言葉と同じ意味でした。じつは、境界という言葉も数学的に厳密な定義があります。ここでは中学・高校時代に習った境界という意味だと考えてください。

4 次元立方体の展開図

では、4次元立方体からは、どのような展開図が作れるのでしょうか？　先に4次元立方体の展開図を紹介します（図3.7）。

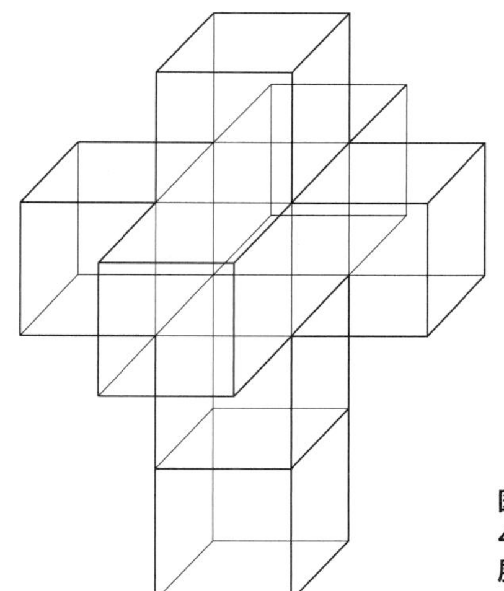

図 3.7
4 次元立方体の展開図

なぜこのような図形になるのか説明します。この展開図は見たことがある人もいるかもしれません。前出のハインラインの小説「歪んだ家」にも、この展開図が登場します。
「中身が詰まった4次元立方体」は4次元の図形です。中身の詰まった4次元立方体の中の点は、たて・よこ・たかさ・時間で位置が決まるからです。中身が詰まった4次元立方体の境界が「中身が空の4次元立方体」です。
「中身が空の4次元立方体」は3次元の図形です。これは、「中身が詰まった3次元立方体」8個の寄せ集めになります。

「各図形の次元」の数字の違いにご注意ください。「中身が詰まった」と「中身が空」の違いにも注意してください。展開図がなぜこうなるのか、説明したいと思います。

1つ次元を下げてみましょう。立方体の展開図をもう一度考えてみます。「中身が空の3次元立方体」は2次元の図形でした。これは、「中身が詰まった3次元立方体」の境界です。また、「中身が詰まった2次元立方体（＝中身の詰まった正方形）」6個の寄せ集めです。

まず、こういう操作を考えます（図3.8を参照）。3次元空間 $\mathbb{R}^3$ を用意します。x, y, t 軸で座標を表します。2つの正方形が90度でつながっているとします。一方の正方形は xy 平面に、ピタッとくっついているとします（xy 平面に含まれていると言ってもいいです）。

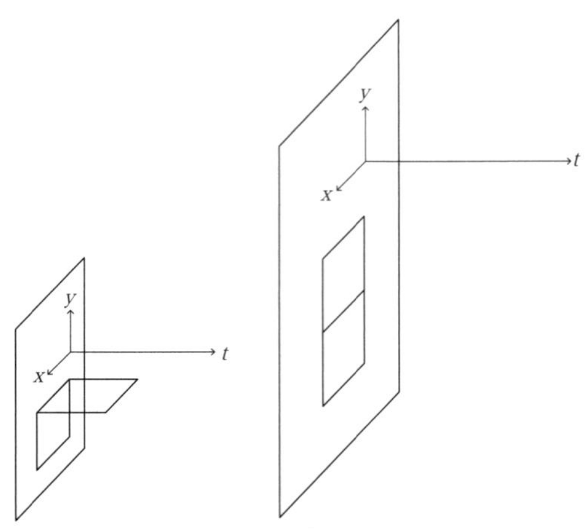

図3.8　3次元空間 $\mathbb{R}^3$ の中の2個の正方形

ここで、水平に置かれている正方形をもう一方と同様に xy 平面にくっつくように動かします。2個の正方形が xy 平面に含まれた状態になります。

次に、中身が空の3次元立方体をさきほどと同様に、x, y, t 軸座標で表される3次元空間 $\mathbb{R}^3$ 内に置きます。立方体の6面中の1つの面が xy 平面にくっついています（図3.9）。

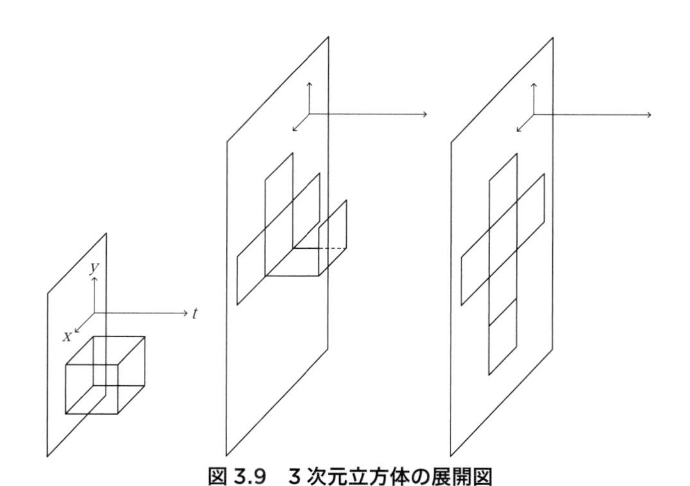

図3.9　3次元立方体の展開図

立方体の6面中 xy 平面に垂直なものは4個です。まず、図3.9の真ん中の図のように正方形3枚だけを動かし xy 平面にピタッとくっつけます。続いて、残り2枚も動かし、xy 平面にくっつくようにします。これで展開完了です（図3.9右）。

4次元立方体を実際に展開してみる

いよいよ4次元を見ていきます。

たて・よこ・たかさ・時間で特徴づけられる4次元空間

$\mathbb{R}^4$ を用意します。

まず、この4次元空間 $\mathbb{R}^4$ の時刻0秒のところに1辺の長さが1の「中身が詰まった立方体」を置きます。

次に、この立方体の上面である「中身が詰まった正方形」だけを1秒間、時間経過させます。この正方形は時間軸方向に1秒分動いたとイメージしてください。(4次元空間 $\mathbb{R}^4$ の中の) 3次元空間 $\mathbb{R}^3$ には自然に長さが決まります。なので長さ1というものが決まっています。単位をメートルなどなにかに決めてもいいですが、単位を書かずに話を進めます。ここでは、4次元空間 $\mathbb{R}^4$ の中の「点、1秒ぶんの軌跡」である線分の長さを1と決めます。

するとこの面は「中身の詰まった立方体」になります (図3.10)。

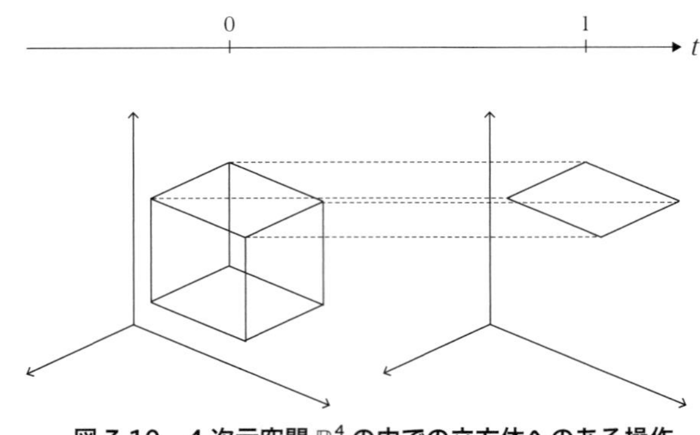

図 3.10　4次元空間 $\mathbb{R}^4$ の中での立方体へのある操作

この図3.10は、中身の詰まった立方体2個を90度で貼り合わせたものです。見えますか？　見えない！　という方は、この図3.10は2次元平面に描かれていることに注意してください。図3.8の次元を1個上げてイメージしてみましょう。

このとき、2つの立方体が接している部分は「中身の詰まった正方形」です。

この、2個の中身の詰まった立方体のうち、片方の立方体は「時刻0秒のところ」にすべて含まれています。もう一方の立方体は、時刻0秒から時刻1秒までを「跨(また)いで」います。

さて、この図形に次のような操作を加えます。この中身の詰まった立方体2個のうち、時刻0秒から1秒までを跨いでいるものを動かし、中身の詰まった立方体を2個、縦に積んでみましょう（図3.11）。すると、「中身の詰まった立方体」2個は「時刻0秒のところ」に入ります。

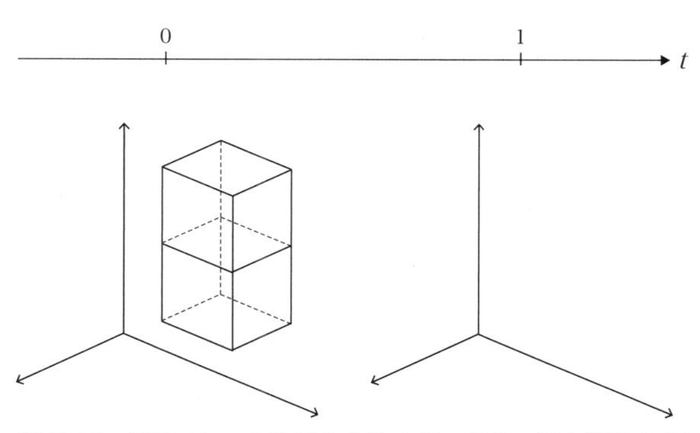

図3.11　図3.10の3次元立方体2個のうち1個を移動させた

アタマがこんがらがってきた方もいるかもしれません。そういうときは、以下のように、次元を下げて類推することが大事です。「容れ物」は4次元のままで次元を下げませんが、「中に入っている図形」の次元を下げます。

次元を下げて線分で考えます。まずは、1次元の線分からです。

4次元空間 R^4 の時刻0秒に線分を置きます。条件は、さきほどと同様です。この線分の上の点だけを1秒間時間経過させます。結果、線分は2つになります（図3.12の上）。このときも2つの線分の長さは同じです。さらに、2個の線分のうち、時刻0秒から1秒まで存在しているほうを動かして線分同士を縦に積みます。それが、図3.12の下です。

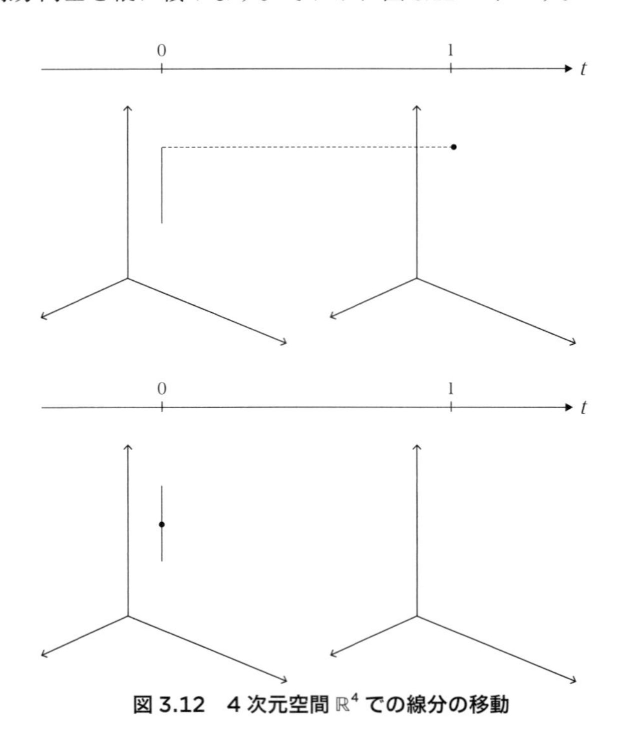

図3.12　4次元空間 $\mathbb{R}^4$ での線分の移動

次に平面で考えてみましょう。条件はさきほどと同じです。

図 3.13 の上をご覧ください。時刻 0 秒に中身の詰まった正方形を置きます。このうち正方形の上の線分だけを 1 秒間時間経過させます。結果、中身の詰まった正方形が 2 つ得られます。さらに、2 個の正方形のうち、時刻 0 秒から 1 秒まで跨いで存在しているほうを動かし、もう 1 個の上に積み重ねます（図 3.13 の下）。

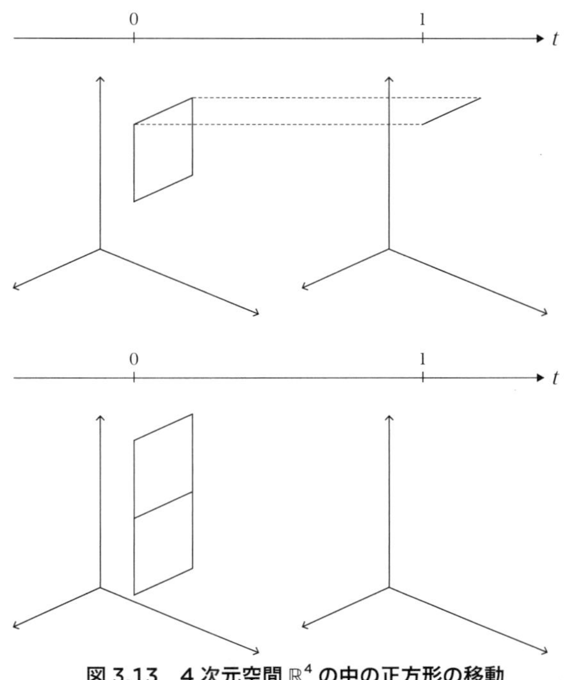

図 3.13　4 次元空間 $\mathbb{R}^4$ の中の正方形の移動

どうですか。だんだん見えてきたことでしょう。

では、中身が空の 4 次元立方体を展開してみましょう。

図 3.2 の下の図と同様に、4 次元空間 $\mathbb{R}^4$ に 4 次元立方体を置きます。時刻 0 秒のところと、時刻 1 秒のところのそれぞれに 1 個の 3 次元立方体が含まれています。

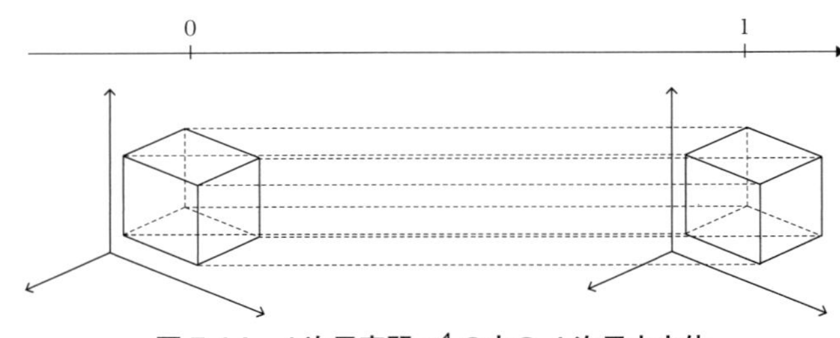

図 3.14　4 次元空間 $\mathbb{R}^4$ の中の 4 次元立方体

時刻 0 秒のところの「中身が詰まった 3 次元立方体」に注目してください。その境界は「中身が空の 3 次元立方体」です。これは 6 個の面（=「中身が詰まった正方形」）から構成されます。

これら 6 面のそれぞれを時刻 0 秒から時刻 1 秒まで動かします。すると、それぞれの面の軌跡は「中身が詰まった 3 次元立方体」になります。図 3.10、および、これまで見てきた、次元のより低い例から類推してください。

然るに、「中身が詰まった 4 次元立方体」の境界は次です。「中身が詰まった 3 次元立方体」が時刻 0 秒に 1 個、時刻 1 秒に 1 個、0 秒から 1 秒を跨ぐものが 6 個です。合計 8 個です。これは、「中身が空の 4 次元立方体」は、8 個の「中身が詰まった立方体」を合わせてできているということです。

では、実際に展開してみましょう。図3.9の次元を1個上げた操作です。

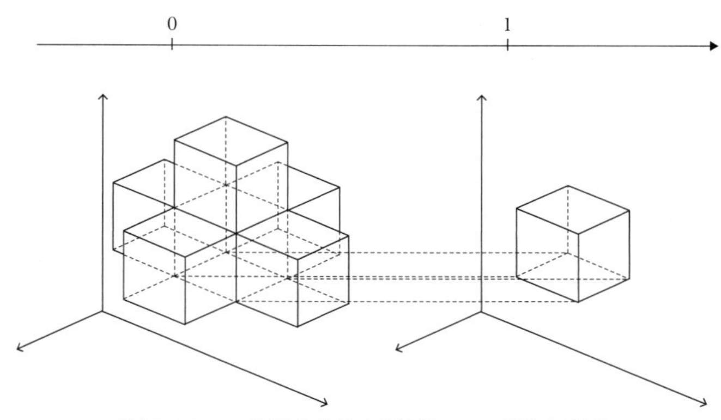

図3.15　4次元立方体も展開している途中段階

図3.15をご覧ください。時刻1秒に3次元立方体が1個あります。

図3.14で、時刻0秒から1秒まで跨いでいる3次元立方体6個のうち、まず5個を時刻0秒のところに動かし、0秒の立方体のまわりに置きます。

時刻0秒から1秒まで跨いでいる3次元立方体が、まだ1個残っています。これが図3.15です。時刻0秒のところに全部が入っている立方体は6個です。

最後に、上記の「残り1個」と「時刻1秒のところにある3次元立方体1個」の合計2個を動かし、時刻0秒に入れます。

これが図3.16です。3次元立方体は8個です。

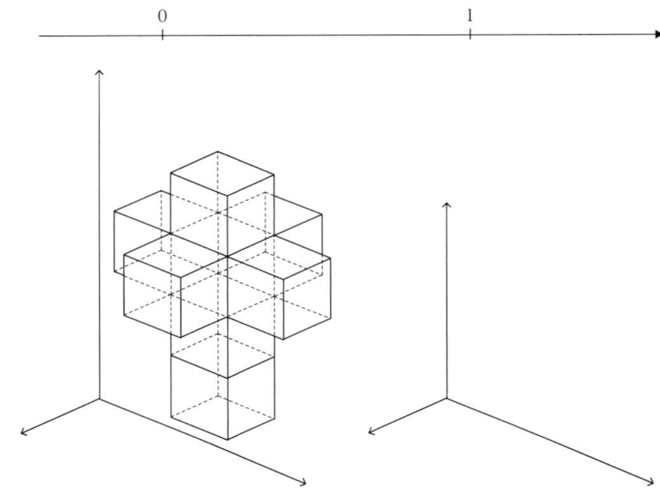

図 3.16　4 次元立方体の展開図

図 3.16 をご覧ください。「4 次元立方体の境界である 8 個の 3 次元立方体」がすべて時刻 0 秒のところに入りました。これが、中身が空の 4 次元立方体の展開図です。

4 次元立方体の展開の仕方はほかにもあり、展開図もほかにもあります。3 次元立方体の展開の仕方や展開図が何通りもあるのと同じです。ほかにはどのような 4 次元立方体の展開の仕方や展開図があるのか、皆様、考えてみてください。

Z
4章
宇宙の涯ては、
どうなって
いるのか？
X

この章で「まえがき」の冒頭に提出したクイズの一回答を披露します。

4-1 宇宙の大きさは有限か無限か

「まえがき」で「宇宙を、ある点からまっすぐ進んで行くと、どこに行くのでしょうか？」と問いました。ひとつの回答として「自分が、もといた場所に戻ってくる」と述べました。その話をここで詳しくしたいと思います。

この問いと関係がありますが、「我々の宇宙の大きさは無限なのでしょうか？」とも問いました。

私たちは、たて・よこ・たかさで特徴づけられる3次元空間 $\mathbb{R}^3$ を算数以来、ふつうに扱っています。算数や数学で、この3次元空間 $\mathbb{R}^3$ を考えるときは、たて・よこ・たかさの軸が無限に伸ばせます。

地球のまわりだけを見ていると、宇宙は「無限に広い」3次元空間なのだろうか、という気もしないでもありません。しかし、量子力学では真空であってもエネルギーを持っていると主張されており、これは真空のエネルギーと呼ばれ、どうやらこれは正しいようです。ということは宇宙の大きさが無限だとすると、大半の部分が真空だったとしても宇宙全体にはエネルギーが無限にあるということになります。

宇宙論では、宇宙はほぼ1点から始まったと考えられています。宇宙マイクロ波背景放射（図4.1）というビッグバン理論に由来する電磁波の観測結果などからもこの説は信憑性が高いものです。

では、もし宇宙の最初の（ほぼ）1点に無限のエネルギー

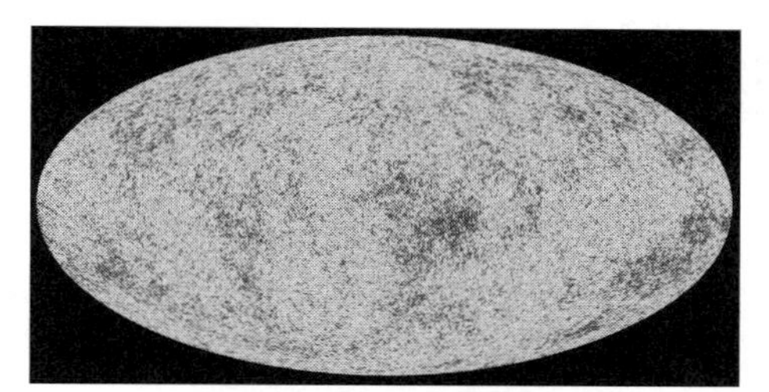

図 4.1　宇宙マイクロ波背景放射（ESA）

があったのならどうでしょうか。このときは重力も無限になってしまい、おそらく宇宙の初期に起こった爆発は起こりえないでしょう。宇宙全体のエネルギーは有限であった方がいいような気がします。そうなると宇宙の大きさも有限であった方がいいような気がしませんか。

宇宙の大きさが有限だとしたら、「では、宇宙の『端っこ』はどうなっているんだ？」と思う方もいらっしゃるかもしれません。

今から紹介するのは、「宇宙の大きさは有限。しかし端がなく、端から飛び出すこともない。そのため、ある点からどんどん進んで行ったらもとに戻ることがある」という性質を持つ宇宙のモデルです。「まえがき」で予告したものです。

この宇宙が本当にそうかどうかは、現在の実験では確かめられそうにありませんが、このモデルは数学的に確かなものではあります。

平面と球面

大昔の人は、大地は広い平面だと考えていました。しかし実際には、大地はほぼ球面でした。

球面は、小さい部分だけを見たら小さい平面です。少し曲がっていますが少しなので気づきません。その小さい平面だけ見て推量したら全体は「無限に大きい平面か」と思いますが、そうではなく球面でした。部分だけ見て「小さい平面」だからといって、全体が「無限に大きい平面」だとはかぎらないということです（図 4.2）。

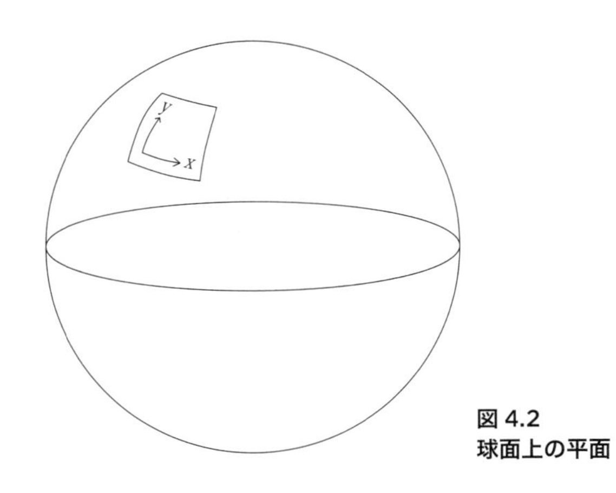

図 4.2
球面上の平面

ではこの話を、次元を上げて考えていきましょう。

4-2 3 次元空間 $\mathbb{R}^3$ が 4 次元空間 $\mathbb{R}^4$ の中で曲がっている

円板を考えてみましょう。この円板はゴムのように引っ張ったり、伸ばしたりすることができます。序章でも見ましたが、この円板を 3 次元空間 $\mathbb{R}^3$ の中で曲げて「半球面」にできます。図 4.3 では説明しやすくするために、半球面は少々伸びています。図 4.3 の 3 次元空間 $\mathbb{R}^3$ には x, y, t 軸を描いて

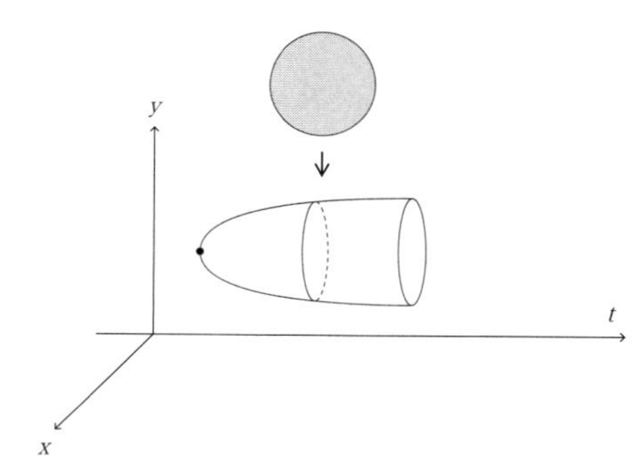

図 4.3　3 次元空間 $\mathbb{R}^3$ で曲げられた円板

います。図 4.3 は、序章の図 0.1 と本質的に同じ絵です。

では、この半球面を、3 次元空間 $\mathbb{R}^3$ の中で t 軸に垂直な平面、何枚かで切った場合、その切り口はどうなるでしょう。図 4.4 のように切ると t が小さい方から最初は点で、その後は円周になります。

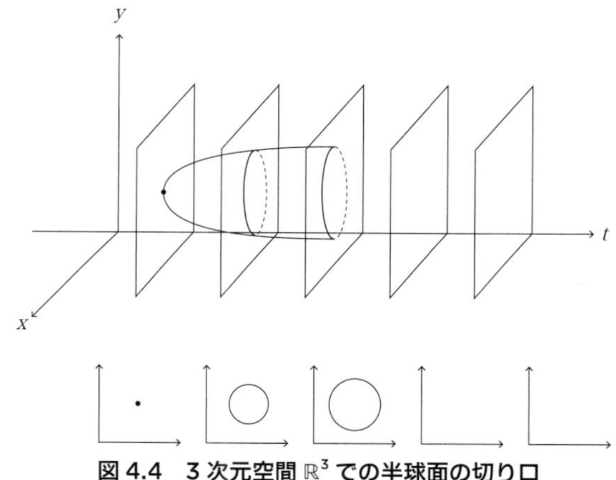

図 4.4　3 次元空間 $\mathbb{R}^3$ での半球面の切り口

では、これも次元を上げた類推をしましょう。この類推では円板を球体に、3 次元空間 $\mathbb{R}^3$ を 4 次元空間 $\mathbb{R}^4$ に替えます。

4 次元空間 $\mathbb{R}^4$ の中で球体を曲げる

球体を 3 次元空間 $\mathbb{R}^3$ の中に置きます（図 4.5）。ここで言葉の整理をしましょう。球体は中身が詰まっていますが、球面は中身が詰まっていません。この 3 次元空間 $\mathbb{R}^3$ を「4 次元空間 $\mathbb{R}^4$ の中のある時刻の $\mathbb{R}^3$」と見なします。すると上記の球体は 4 次元空間 $\mathbb{R}^4$ の中に置かれています。

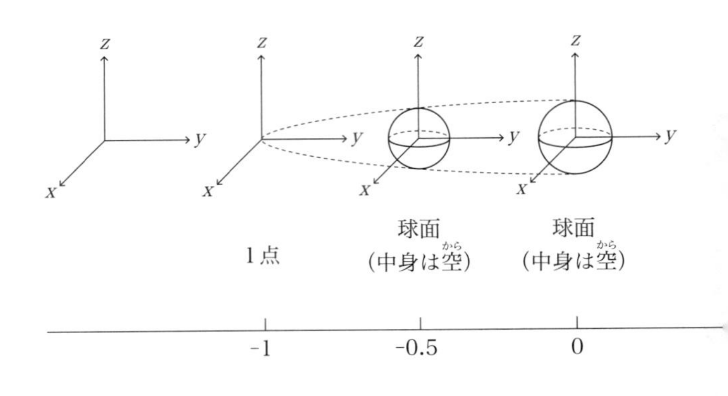

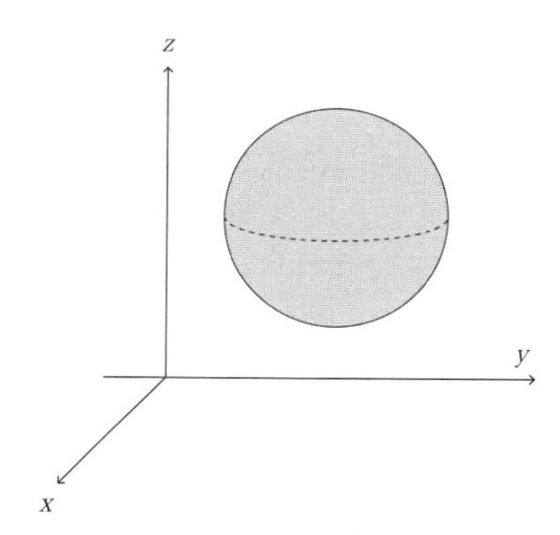

図 4.5　3 次元空間 $\mathbb{R}^3$ の中の球体

さて、この球体を 4 次元空間 $\mathbb{R}^4$ の中で曲げたものが、図 4.6 です。

「曲げる」という言葉について説明します。

序章（図 0.2 参照）では、3 次元空間を 4 次元空間の中で曲げられると言いました。3 次元空間をさらに高次元の空間で曲げることも可能だとも言っています。

図 4.4 をもう一度見てください。図 4.6 はこれを 1 次元上

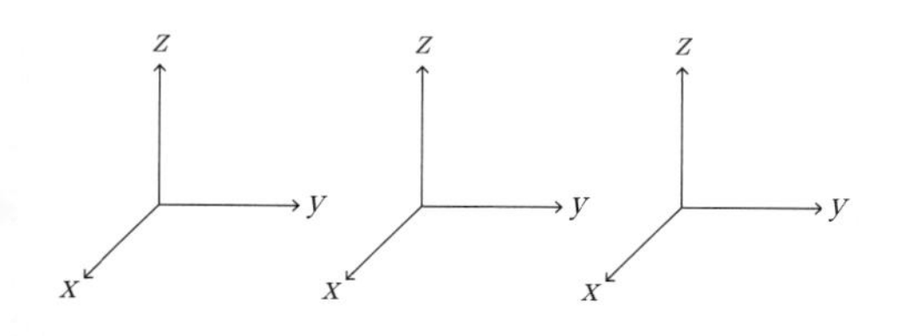

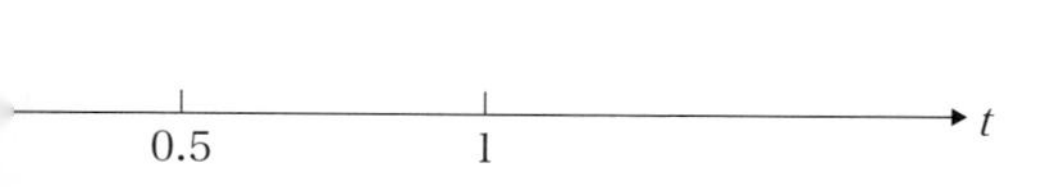

図 4.6 球体を 4 次元空間 $\mathbb{R}^4$ の中で曲げたもの

げた例です。

3章で練習したので、もうイメージができるでしょうか。ここでは、4次元空間 $\mathbb{R}^4$ はたて・よこ・たかさ・時間で特徴づけられるものとして、「4次元空間 $\mathbb{R}^4$ の中の球体」を時間軸に沿って切った切り口を描いています。初心者の方で直感がすぐにはたらかない人は、図4.6を矯(た)めつ眇(すが)めつしてください。次の段階に進む前に、もう一度、次元を1つ下げた話をします。

4-3 3次元空間 $\mathbb{R}^3$ と2次元球面

円板を2枚用意します。円板は中身が詰まっています。さきほどと同様に、伸ばしたり、曲げたりすることも可能です(図4.7)。

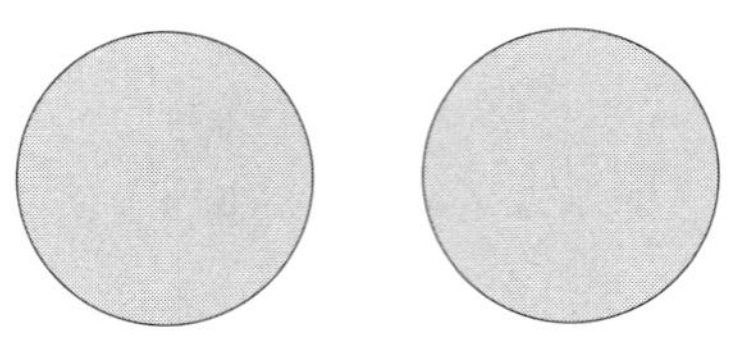

図4.7 2枚の円板

では、この2枚の円板を境界の円周がぴったり合うように貼り合わせてください。このとき、境界以外は自分とも相手とも接触しないとします。同一視によって新図形を作るわけです。皆様はすでにおわかりだと思います。

それぞれの円板を曲げて半球にすればできます。もちろん、貼り合わせた図形は球面になります(図4.8)。

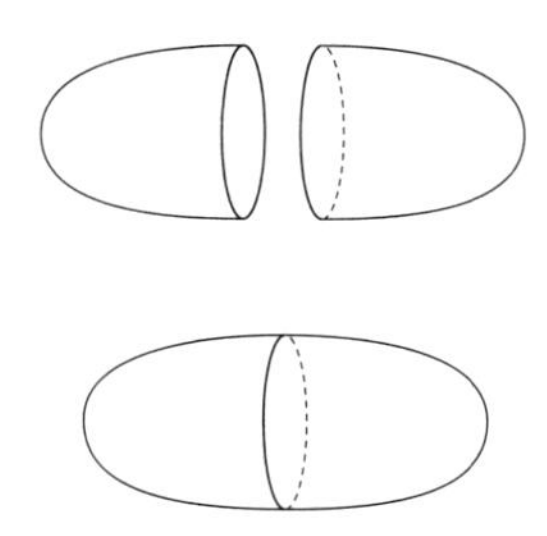

図 4.8　円板からできる半球、球面

この球面をさきほどのようにスライスした切り口を見てみましょう。これは、図 4.9 のようになります。

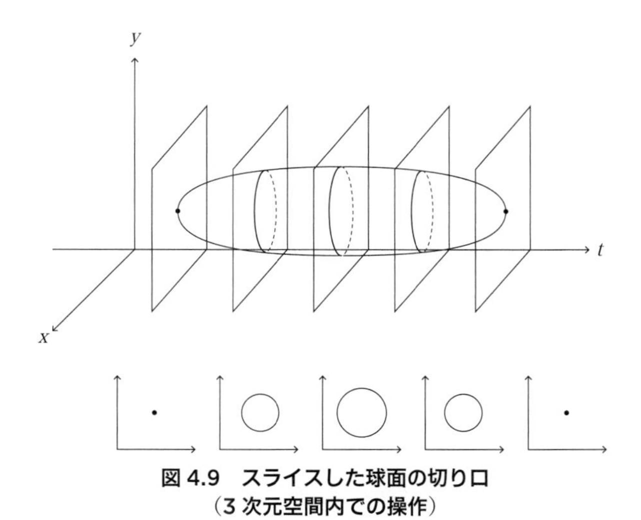

図 4.9　スライスした球面の切り口
（3 次元空間内での操作）

4-4 4次元空間 $\mathbb{R}^4$ と3次元球面

では、次元を1つ上げて考えます。じつは、これこそが「大きさは有限。しかし端がない。ある点からどんどん進んで行ったらもとに戻ることがある」という宇宙モデルのひとつです。

今度は、球体を2個用意します。境界は球面です。この2個の球体を境界の球面同士でぴったりと貼り合わせます。このとき、境界以外は自分とも相手とも接触しないようにします（図4.10）。また、貼り合わせた境界同士はぴったりとくっつき境界がわからなくなるとします（そうなるような理想的な状況を考えます）。同一視によって新図形を作るわけです。新図形は、自己接触ないようにできるでしょうか。

これは3次元空間 $\mathbb{R}^3$ の中では見るからに無理そうです。実際、不可能なことが知られています。しかし、4次元空間 $\mathbb{R}^4$ の中では可能です。

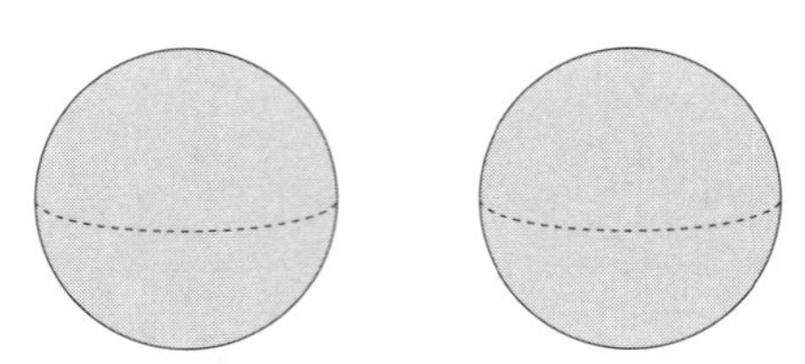

図4.10　2個の球体を境界同士でぴったり貼り合わせると？

片方の球体を図4.11のように4次元空間 $\mathbb{R}^4$ の中で曲げます。もう一方の球体も、4次元空間 $\mathbb{R}^4$ の中で曲げます(図4.12)。この2個を貼り合わせます（図4.13)。また、貼り合わせた境界同士はぴったりとくっつき境界がわからなくなっています（そうなるような理想的な状況を考えています）。

これが、「宇宙の大きさは有限であるが、端がない。そのため、ある点からどんどん進んだとき、もとに戻ることがある」というモデルの一例です。「まえがき」の冒頭に提出したクイズの一回答です。

この図形には「3次元球面 S^3（エススリー）」という名前がついています。図4.7から図4.10へ、という意味で、球面の次元を1個上げたものだから、こう呼ばれます。これに呼応して今まで球面といっていたものを「2次元球面 S^2（エスツー）」、円周を「1次元球面 S^1（エスワン）」ということもあります。S^1、S^2、S^3 は省略可です。S を使う理由は次です。球面を意味する単語 *sphere* の頭文字の S です。ちなみに「零次元球面 S^0（エスゼロ）」は2点のことです。

3次元球面の大きさが有限なのは、大きさが有限の球体2個を貼り合わせたからです。また、3次元球面に「端がない」というのも円板を2個貼り合わせた2次元球面には端がないということから類推できるでしょう。

さらに、2次元球面はどの点もその点の周辺（ここで周辺というのは、その点を含んだものを意味しています）は小さい平面（を少し曲げたもの）です（図4.14）。

では、3次元球面ではどのようになるでしょうか。

3次元球面は、2つの球体の境界が貼り合わされたものでした。これまで見てきたものから類推すると、3次元球面はどの点のまわりも小さい（少し曲がってもよい）3次元空間 $\mathbb{R}^3$ であることがわかります（図4.15）。3次元球面を空想して、これらの性質を満たしていることを確かめてください。

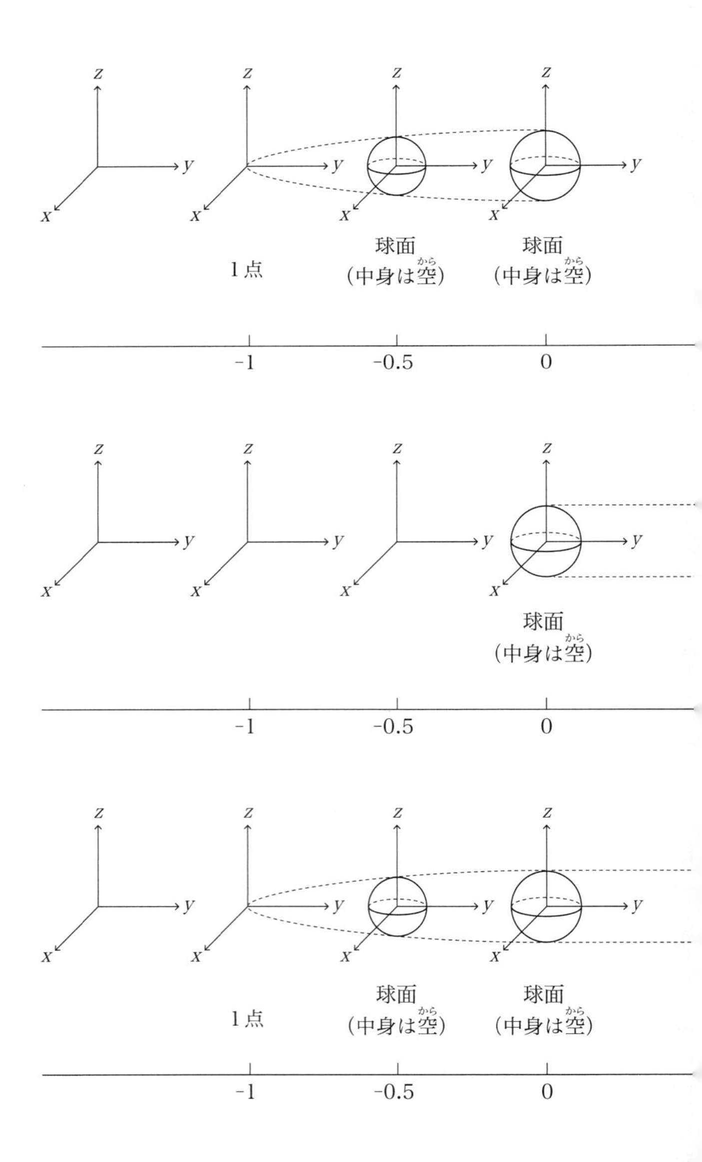
z
y
x
1点
球面
(中身は空)
から
-1
-0.5
0

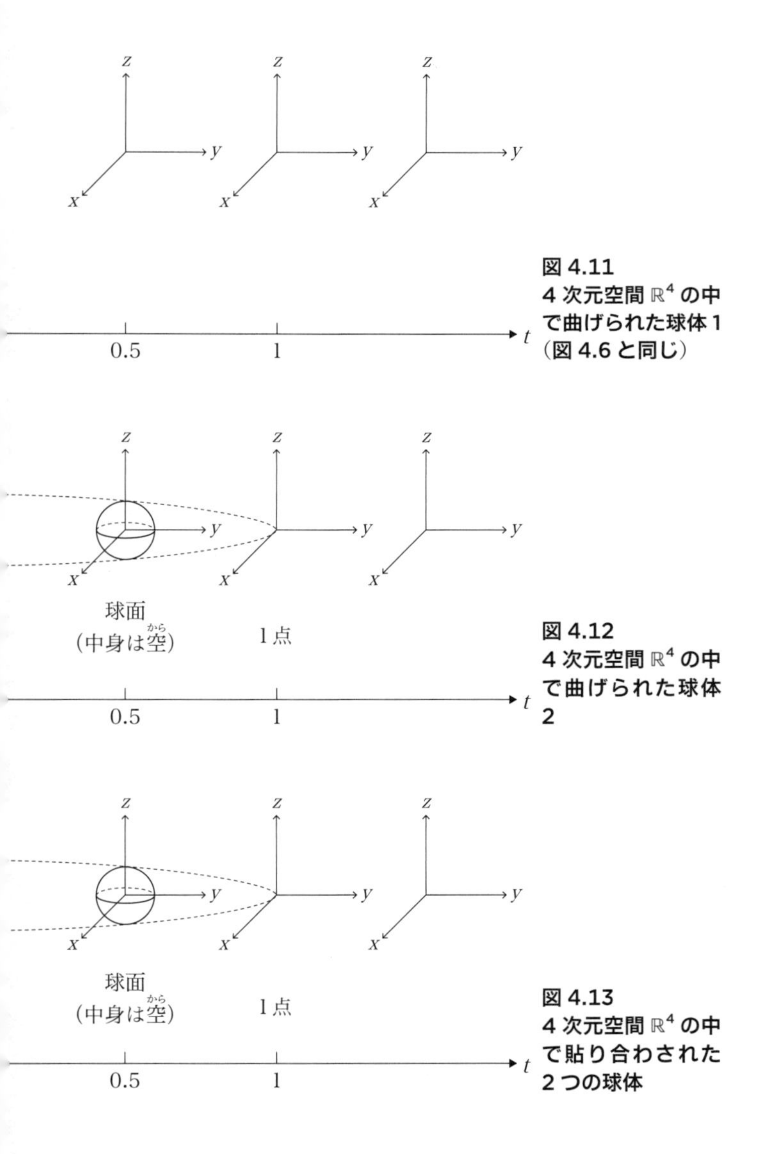

図 4.11
4 次元空間 $\mathbb{R}^4$ の中で曲げられた球体 1（図 4.6 と同じ）

図 4.12
4 次元空間 $\mathbb{R}^4$ の中で曲げられた球体 2

図 4.13
4 次元空間 $\mathbb{R}^4$ の中で貼り合わされた 2 つの球体

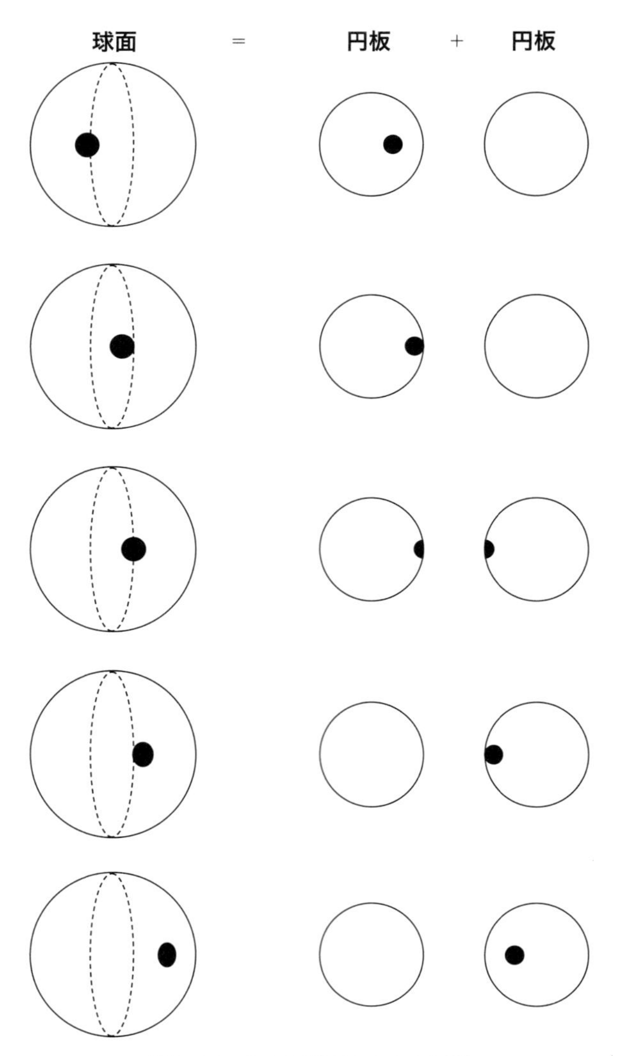

図 4.14　2 次元球面上の点の周辺

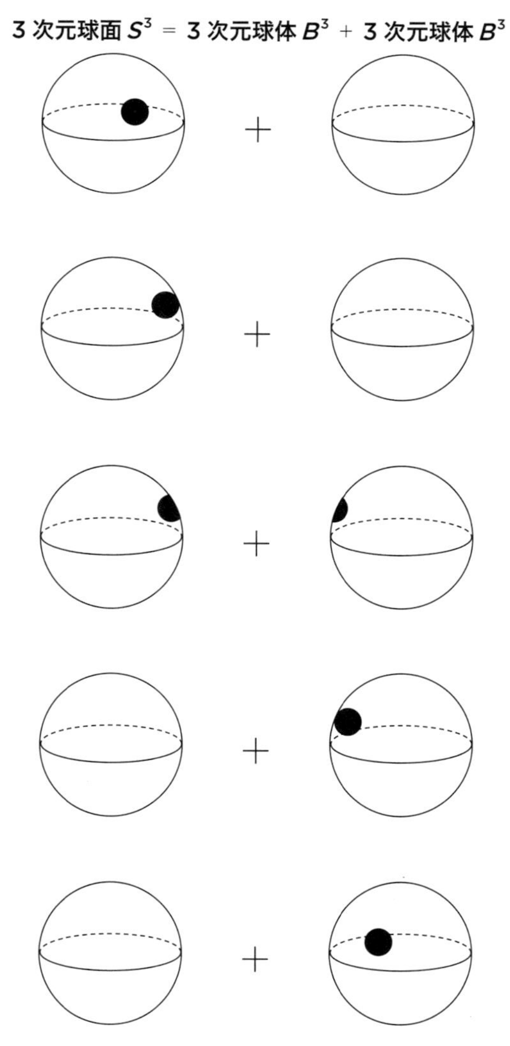

図 4.15　2 つの球体上の点と 3 次元球面

4-5 3次元空間 $\mathbb{R}^3$ でない宇宙モデル

アインシュタインは有名な「アインシュタインの宇宙項」を「アインシュタイン方程式」に導入した論文のなかにこう書いています（図4.16）。

――宇宙の形が3次元空間 $\mathbb{R}^3$ ではなく、3次元球面 S^3 だったら……。――

In diesem Raume betrachten wir die Hyperfläche

(10) $$R^2 = \xi_1^2 + \xi_2^2 + \xi_3^2 + \xi_4^2,$$

wobei R eine Konstante bedeutet. Diese Punkte dieser Hyperfläche bilden ein dreidimensionales Kontinuum, einen sphärischen Raum vom Krümmungsradius R.

図 4.16 アインシュタインの原論文
A.Einstein:Kosmologische Betrachtungen zur allgemeinen Relativitätstheorie, Sitz. König. Preuss. Akad. 142-152、1917

円周（1次元球面）を式で書くとどうなるでしょう。これは、

$x^2 + y^2 = R^2$ （R は正数の定数で、円周の半径）

です。

では、球面（2次元球面）は式で書くとどうなるでしょう。

$x^2 + y^2 + z^2 = R^2$ （R は正数の定数で、球面の半径）

です。1次元球面の場合の一般化です。変数が1個増えました。これら2式は高校までに習います。

3次元球面 S^3 は式で書くとどうなるでしょうか？

$$x^2 + y^2 + z^2 + w^2 = R^2 \quad (R\text{は正数の定数})$$

です。

ここでも R は3次元球面 S^3 の「半径」と言うべきものです。1次元球面、2次元球面の場合の一般化です。2次元球面の場合より、変数が1個多いです。変数と半径を表す文字は違いますが、同じ式をアインシュタインが書いています。物理学の難問を考える上で、このアイデアはとてもよいものでした。

ただし、3次元球面の概念を最初に言ったのはアインシュタインではありません。もっと前から自然に考えられていました。宇宙の形が3次元球面だったら?　というアイデアもアインシュタインが初めて出したわけではありません。もっと前から考えられていました。アインシュタインが行ったことは次です。

宇宙の形が3次元球面だったら、当時の科学者が疑問に思っていたことがうまく説明できる。

ビッグバン

ところで、宇宙は曲がっているとか、3次元球面だとかいわれると、宇宙の外側はどうなっているのか?　と気になるかもしれません。しかし、「宇宙の外側」が何なのかを考えなくても、私たちの行う物理実験の予言はできます。だから外側は考えなくてよい、という立場です。

宇宙空間は、大昔、1点もしくはほぼ1点にあったけれど、それが「爆発」して大きくなったと多くの理論物理学者が信じています。これはジョージ・ガモフという偉大な物理学者が予言したものでした。発表当初、ほとんどの物理学者はこの理論を受け入れませんでした。そのため、この理論は「ビッグバン理論」とからかいを込めて呼ばれました。しかし、その後、宇宙マイクロ波背景放射が発見されました。これによりガモフのビッグバン理論は、正しいことがわかったのです。

さて、ビッグバン（大爆発）の瞬間、このほぼ一点にあったものは宇宙空間そのものです。そのため、その外側は考えても意味がありません。ちなみにビッグバンより前の時間というのも考えても意味がありません。控えめにいえば、どちらも意味がなかろうという立場で、私たちの行える実験の結果は予言できるからです。

ビッグバンの直後の宇宙が小さいときを考えて、外へは出られないモデルを考えましょう。「外へ出られないけれど大きさが小さい」ということは、気持ちとしては3次元球面 S^3 が大きくなっていると考えるとイメージしやすいでしょう（図4.17）。

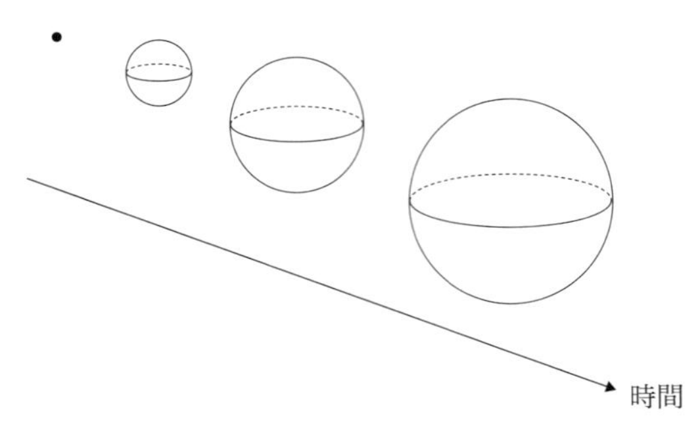

図 4.17　膨張する 3 次元球面 S^3

4-6 3次元球面と4次元立方体の、とある関係

今までに見た、3次元球面 S^3 と4次元立方体にはある関係があります。その話をするために、まず次元を下げて考えます。そのあと次元を上げて類推することにします。

図4.18を見てください。まず、正方形を転がしたとしましょう。正方形の角(かど)はだんだんと丸まっていき、やがて円になります。この意味では正方形（2次元立方体）と円（1次元球面）は「同じ」ものです。やや厳密に言うと、「中身が空の正方形」は円周と同じ、「中身が詰まった正方形」は円板と同じです（注：円板は境界があって中身は詰まっている。円周は中身が空）。ここで「同じ」というのは、数学的に言うと、「同相」「微分同相」「二次元空間 $\mathbb{R}^2$ のアイソトピー」の各3個の基準で「同じ」です。これらの専門用語に興味のある方は拙著『多様体とは何か』をご一読ください。

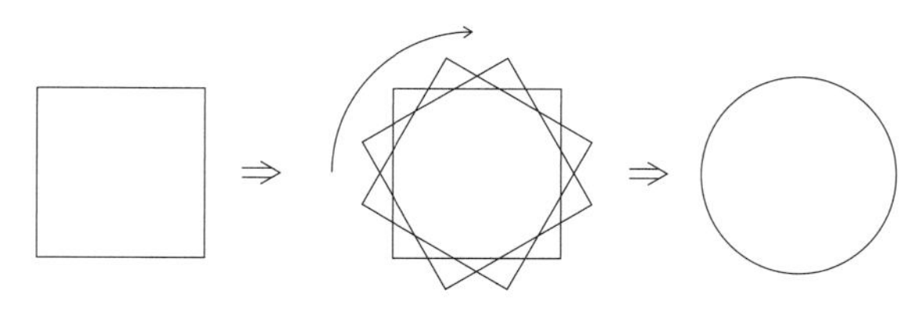

図4.18　正方形を連続変形で円にする

それでは次元を上げて考えましょう。1個次元を上げると、「中身が空の立方体（3次元立方体）」は同様にして、角を丸めて球面（2次元球面）に3次元空間 $\mathbb{R}^3$ の中で連続変形できます。そういう意味では、これらは同じものです。

「中身が詰まった立方体」は角を丸めて球体に、3 次元空間 $\mathbb{R}^3$ の中で連続変形できます。そういう意味では、これらは同じものです。これは日常感覚でわかると思います。

さて、もう 1 個次元を上げると、「中身が空の 4 次元立方体」は角を丸めて 3 次元球面 S^3 に、4 次元空間 $\mathbb{R}^4$ の中で連続変形できます。そういう意味では、これらは同じものです。「中身が詰まった 4 次元立方体」は角を丸めて「4 次元球体」に、4 次元空間 $\mathbb{R}^4$ の中で連続変形できます。そういう意味では、これらは同じものです。4 次元球体という語は初登場ですので説明します。高校までの数学の授業で球面といっていたのは、2 次元球面 S^2 でした。また、球体といっていたものは 3 次元球体です。このことから 4 次元球体を類推してください。4 次元球体とは、座標 x, y, z, t で特徴づけられる 4 次元空間 $\mathbb{R}^4$ の中で

$$\{(x, y, z, t) | x^2 + y^2 + z^2 + t^2 \leq 1\}$$

という式で表される図形です。

高校までに習ったとおり 3 次元球体は、

$$\{(x, y, z) | x^2 + y^2 + z^2 \leq 1\}$$

で特徴づけられます。これの次元を 1 個上げたものです。ここで、「中身が詰まった 4 次元立方体」は 4 次元の図形ですが、「中身が空の 4 次元立方体」は 3 次元の図形です。次元の数が何かに注意して、以下から類推してください。中身が詰まった 3 次元立方体は、3 次元の図形ですが、中身が空の 3 次元立方体は 2 次元の図形です。

図 4.19 をご覧ください。いま、4 次元空間 $\mathbb{R}^4$ の中で行っ

た操作です。中身が空の 4 次元立方体を変形して 3 次元球面 S^3 を作っています。この操作見えますか？

次の章では、さらに次元を上げて 5 次元が出ます。より高次元の世界に突入できるか、ぜひ挑んでください。

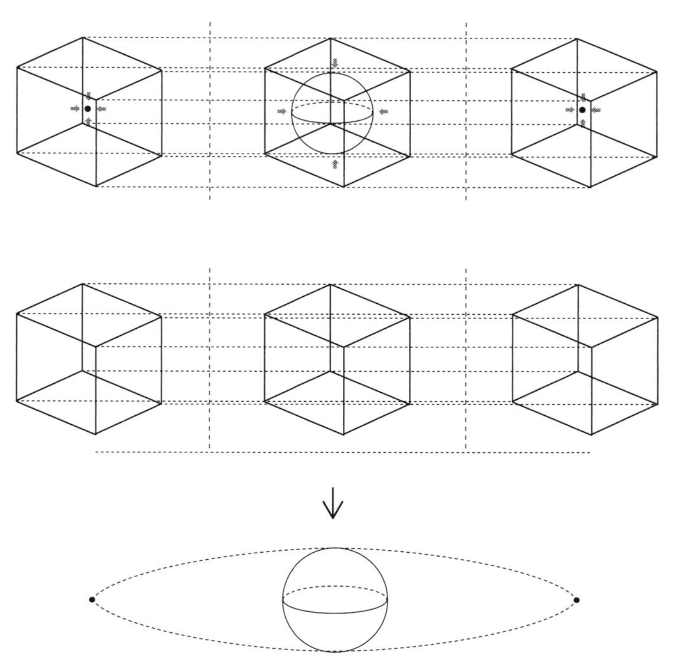

図 4.19　中身が空の 4 次元立方体を変形して 3 次元球面 S^3 を作る

5章

曲面は2次元なのに、5次元が必要!?

(5-1) 2次元実射影空間 $\mathbb{R}P^2$

数学・物理などで非常に重要な図形を、新たにひとつ紹介します。

正方形ABCDを用意します。まわりの辺だけでなく中身もあります。正方形の各辺に反時計回りに矢印を付けます(図5.1)。

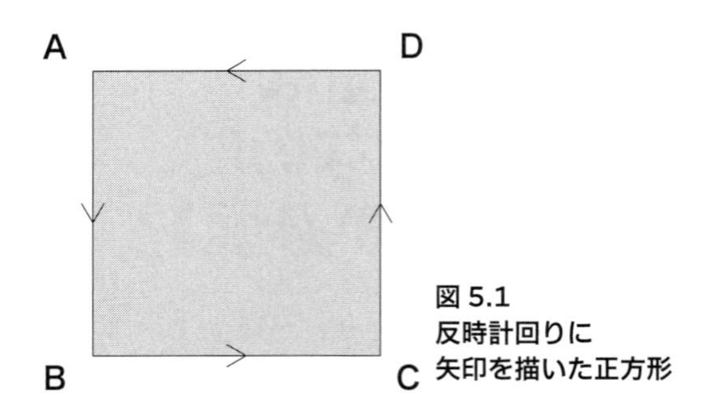

図5.1
反時計回りに
矢印を描いた正方形

以前の章に出てきたトーラスやクラインの壺のときとは矢印の向きが違うところに注意してください。

辺ABと辺CDを同一視します。矢印の向きが合うように。

辺DAと辺BCを同一視します。矢印の向きが合うように(図5.2)。これらの同一視をして新図形を自己接触しないように作ります。さて、どんな図形ができるでしょうか。

辺ABと辺DCを矢印の向きが合うように、ぴったり貼り合わせることを考えます。皆様はすでにやり方を知っています。半捻りして点Aと点Cが、点Bと点Dが重なり合います。

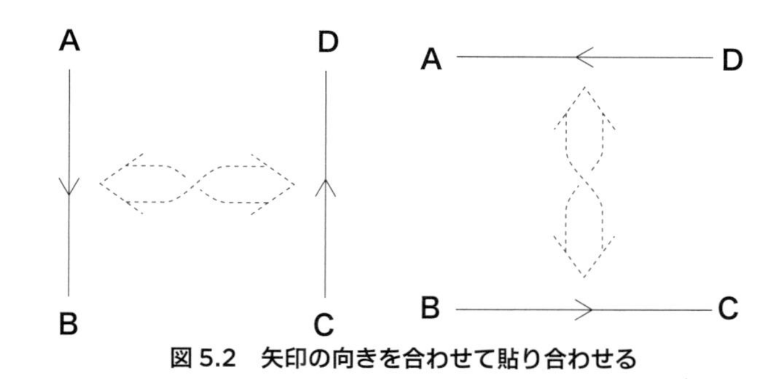

図 5.2　矢印の向きを合わせて貼り合わせる

また、辺 DA と辺 BC の矢印の向きが合うように貼り合わせることを考えます。これも半捻りで点 B と点 D が、点 C と点 A が重なり合います。

この操作は同時にしても、どちらから行ってもかまいません。ただし、正方形の内部の点は辺にも内部にもさわらないようにします。できあがる図形は自己接触がないようにしてください。

さて、この工作は可能でしょうか？　もし可能なら、どういうものができるでしょうか？　今回も、正方形 ABCD を引き延ばしたり曲げたりしてもかまいません。

点 A と点 B が重なり合います。点 C と点 D が重なり合います。もしも、この工作が可能なら結果として、4 点 A、B、C、D は重なり合って 1 点になります。

できそうなところから、やってみましょう。まず、辺 AB と辺 DC を矢印の決める向きが合うように貼ります。これは、メビウスの帯になります（図 5.3）。

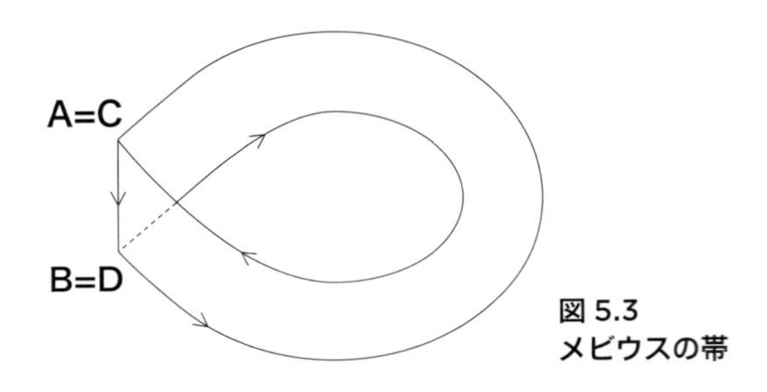

図 5.3
メビウスの帯

辺 DA の矢印と辺 BC の矢印は図のようになります。向きに注意してください。そのあと辺 DA の矢印と BC の矢印を同じ向きに合わせられるでしょうか？　なんだか、無理そうな気がしますか。逆に、さきに辺 DA の矢印と辺 BC の矢印を同じ向きに合わせ、次に、辺 AB と辺 DC を矢印の向きが同じになるように貼り合わせても無理そうです。

では、両方の貼り方を同時に行ったらできるでしょうか？これも無理そうです。

2 章で見たクラインの壺を作る操作を思い出してください。クラインの壺の場合からの類推で、これは 3 次元空間 $\mathbb{R}^3$ の中ではできないのではないか、と思った方もいると思います。そうです、その勘はあたりです。

じつは、この工作は 3 次元空間 $\mathbb{R}^3$ の中ではできないことが知られています。

しかしもしかしたら、4 次元空間 $\mathbb{R}^4$ の中ではできるのでは？　と思った方もいるかもしれません。そうです、その勘もあたりです。

この工作は 4 次元空間 $\mathbb{R}^4$ の中ではできるのです。4 次元空間 $\mathbb{R}^4$ の中に、なんらかの図形ができます。この図形には

「2次元実射影空間 $\mathbb{R}P^2$（アールピーツー）」という名前があります。

2次元実射影空間 $\mathbb{R}P^2$

では、2次元実射影空間 $\mathbb{R}P^2$ はどんな形をしているのでしょうか。順番に説明していきます。

クラインの壺を作るときの工作を思い出してください。クラインの壺は3次元空間 $\mathbb{R}^3$ の中ではできませんでした。しかし、自己接触してよければ可能でした（図2.5）。そこでは、自己接触は図5.4のような形でした。

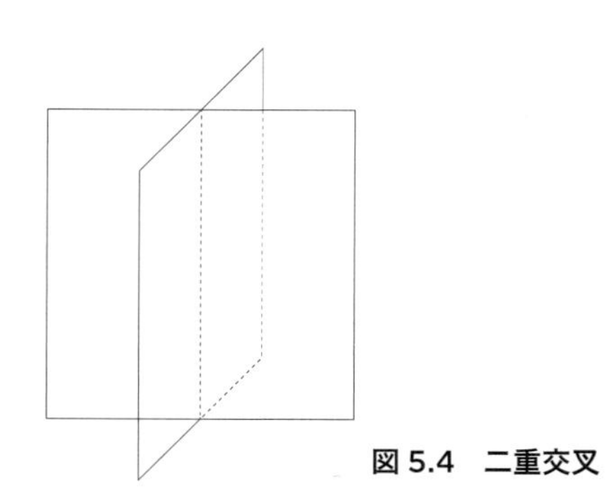

図5.4　二重交叉

図5.4は面2枚が交叉しています。面が少しくらい曲がっていてもよいものとします。この状態を「二重交叉」といいます。2次元実射影空間 $\mathbb{R}P^2$ を作る工作は3次元空間 $\mathbb{R}^3$ の中ではできません。しかし、二重交叉はしてもよいとしたらできるでしょうか？

残念ながら、これもできないことがわかっています。

条件を変えて考えてみましょう。

2次元実射影空間 $\mathbb{R}P^2$ を作る工作にこういう条件をつけます。図5.5のような自己接触も許すものとします。

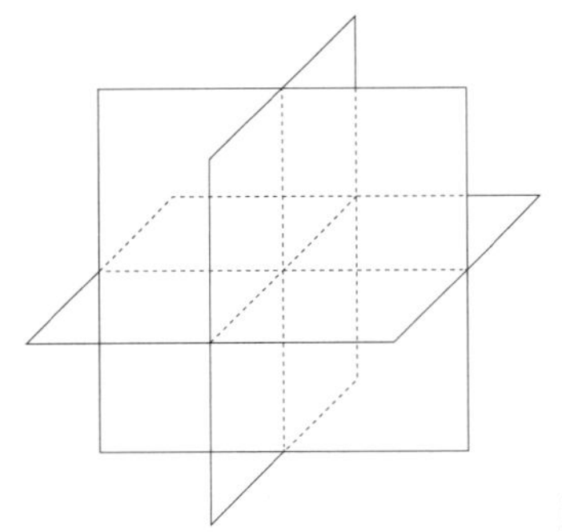

図5.5　三重交叉

この図形は面3枚が交叉しています。面が少しくらい曲がっていてもよいものとします。これを「三重交叉」といいます。

この条件なら、2次元実射影空間 $\mathbb{R}P^2$ を作ることはできるでしょうか？

1901年、ヴェルナー・ボーイという偉大な数学者が、それが可能であることを発見しました（W.Boy：Über die Curvatura integra und die Topologie geschlossener Flächen, *Math. Ann.* 57（1903）151-184.）。絵に描くとこんな形です（図5.6）。

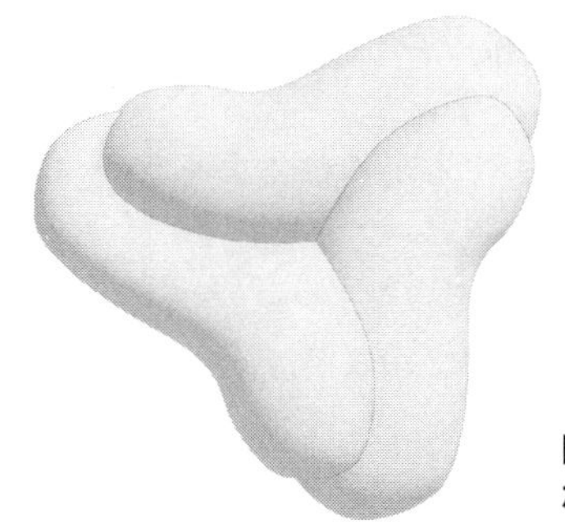

図 5.6
ボーイ・サーフェス

3次元空間 $\mathbb{R}^3$ 内のこの図形のことを、ボーイに敬意を表して「ボーイ・サーフェス」といいます（図 5.6）。

さて、ボーイ・サーフェスを見てみてどうですか？　この図は、別の向きから見た絵もインターネットで検索すればすぐに見られますが、絵だけを見ても多くの方には、どのような形をしているのか、なかなか実感が湧かないのではないでしょうか。

このボーイ・サーフェスはメビウスの帯、クラインの壷と同じくらい数学で大事なものです。しかし、一般には、それほど有名ではないようです。形が複雑なのが一因でしょう。

そこで、このボーイ・サーフェスも実際に工作してみましょう。ハサミ、紙、セロハンテープで、簡単にできますし、実感が湧きます。

この工作の動画と設計図（型紙付き）をウェブにアップしています。お時間のある方は、5-2 節の最後に QR コードを紹介するので、そちらもご覧ください。〈Eiji Ogasa Boy〉で検索もできます。

5-2 2次元実射影空間 $\mathbb{R}P^2$ を作るには

2次元実射影空間 $\mathbb{R}P^2$ を作る工作は4次元空間 $\mathbb{R}^4$ ではできると言いました。ボーイ・サーフェスを工作する前に、その説明をさきにします。

たて・よこ・たかさ・時間で決まる4次元空間 $\mathbb{R}^4$ を用意します。

図5.1の矢印付の正方形を用意し、一部を貼ってメビウスの帯を作ります（図5.7）。

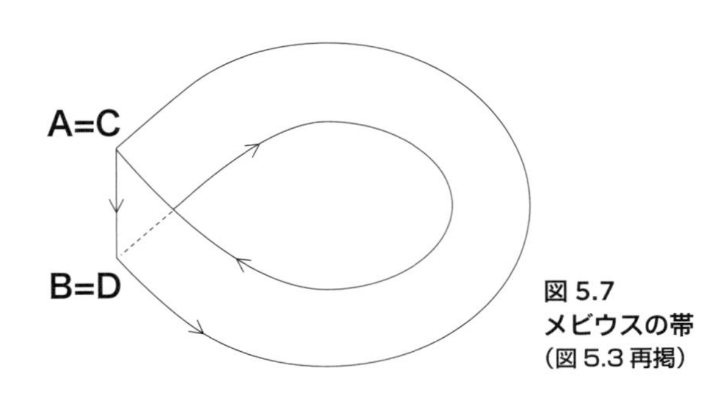

図5.7
メビウスの帯
（図5.3再掲）

それを4次元空間 $\mathbb{R}^4$ の時刻1秒のところに置きます。

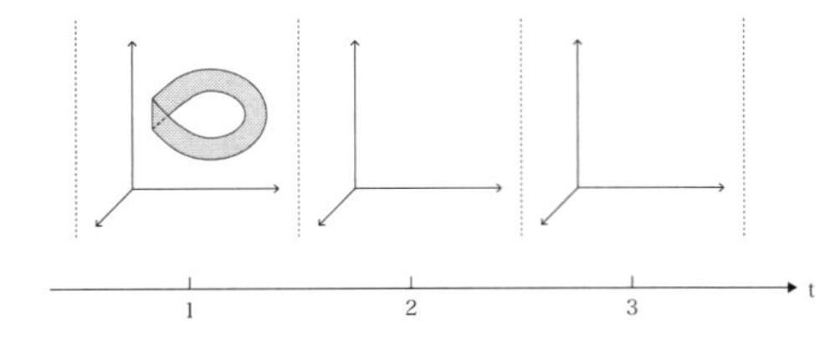

図5.8
4次元空間 $\mathbb{R}^4$ の
時刻1秒の
メビウスの帯

これまで行ったように、境界の円周だけを「時間で流し」ます。この場合は、2章の図2.21の操作よりも少しややこしくなります。図5.9をご覧ください。

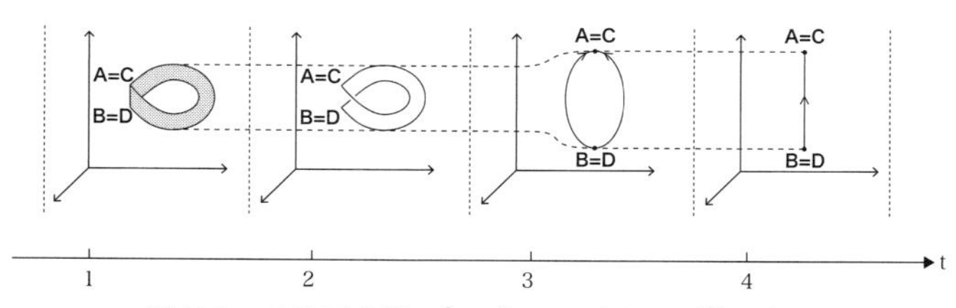

図5.9　4次元空間 $\mathbb{R}^4$ の中のメビウスの帯の変形

さあ、4次元を空想してください。メビウスの帯の中身は時刻1秒に止めておき、境界の円周だけを時刻2秒まで流します。

時刻2秒から時刻3秒まで円周を少しずつ変形しながら移動していき時刻3秒には、点ACを合わせた点、点BDを合わせた点を結ぶ2つの線分が、図5.9の向きの矢印で円周になるようにします。このとき、時間が流れているので、自己接触なく変形できることに注意してください。

そして、時刻3秒から時刻4秒まで、曲線分BCと曲線分DAを少しずつ変形しながら持っていき時刻4秒にBCとDAが、ぴったり合うようにします。これで完成です（図5.9）。

たしかに、この操作のあいだ正方形は貼り合わせる境界以外では、自己接触は起こっていません。こうして、4次元空間 $\mathbb{R}^4$ の中では自己接触のない新図形ができました。

この完成品が2次元実射影空間 $\mathbb{R}P^2$ です。

ところで、以前の章でクラインの壺は向き付け不可能だという話をしました。この2次元実射影空間 $\mathbb{R}P^2$ も向き付け不可能です。

これも、クラインの壺の場合と同様に示せます。2次元実射影空間 $\mathbb{R}P^2$ は一部に「向き付け不可能なメビウスの帯」を含むため、向き付け不可能だということです。

●ボーイサーフェスの設計図

http://ndimension.g1.xrea.com/nihongo.pdf

●2：ボーイサーフェスの工作動画

https://www.youtube.com/watch?v=dekzCBOINAc

設計書

工作動画

＊この QR コードから見ることができます。
「Eiji Ogasa Boy」でも検索できます。

5-3 ボーイ・サーフェス設計図

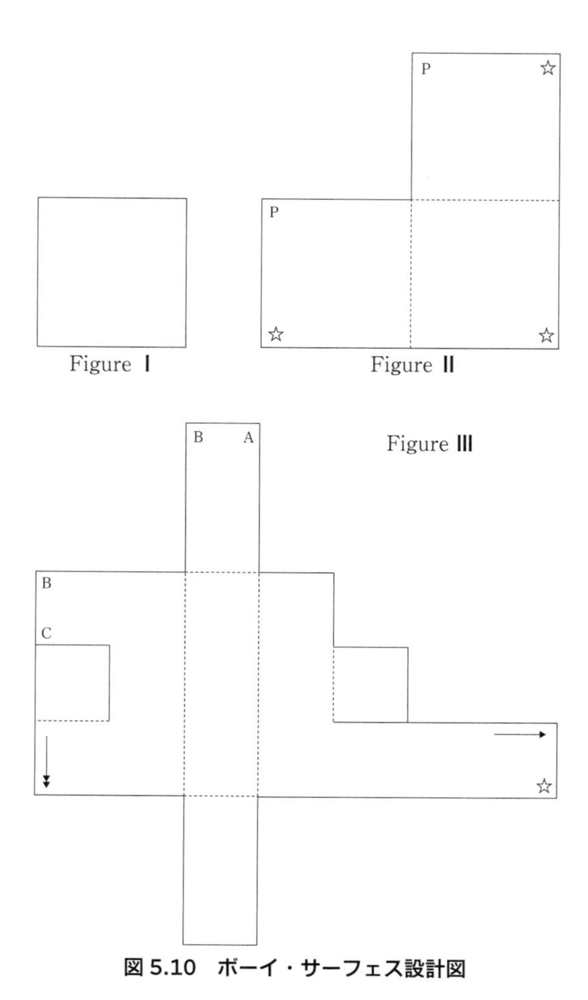

図 5.10　ボーイ・サーフェス設計図

ここで、実際にボーイ・サーフェスを作ってみたいと思います。前に紹介したように、少し複雑な工作になるので、設計図や動画を作成しています。前節末のリンクも参考にしてください。

まず、図5.10のFigure Ⅰの正方形を3個用意します。次に、図5.10　Figure Ⅱの3つの正方形でできた紙を1個、そしてFigure Ⅲを3個用意してください。

このとき、Figure Ⅲの正方形の一辺の長さが、Figure Ⅰ、Ⅱの各正方形の一辺の長さの半分になるようにしてください。また、Figure Ⅱ、Ⅲには、図と同じように点線を書き加えます。また、図に書かれているアルファベットや記号、矢印も書き込んでください。

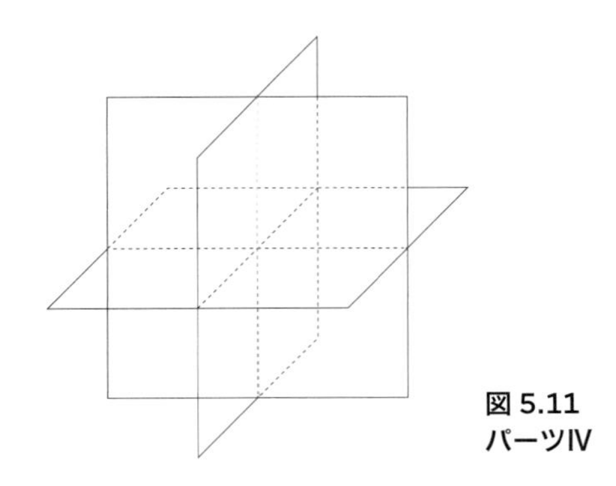

図5.11
パーツⅣ

Figure Ⅰ 3枚から図5.11の「パーツⅣ」を作ります。パーツⅣを作るときにFigure Ⅰ 3枚を何回かハサミで、切らなければなりません。難しい場合には、いったん2つか3つに切り分けてから、セロハンテープでとめてもかまいません。

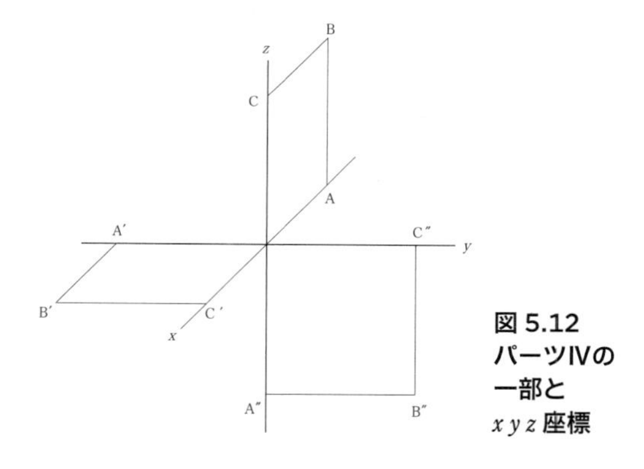

図 5.12 パーツⅣの一部と xyz 座標

パーツⅣ上の各点に、図5.12のようにA, B, C, A′ , B′ , C′ , A″ , B″ , C″と書き込みます。これは、すぐあとで使います。

立体座標の得意な人向けに説明すると、パーツⅣは「$x\ y\ z$ 座標」を用いると、以下の3個を合わせたものです。

$$\{(x, y, z) \mid -1 \leq x \leq 1,\ -1 \leq y \leq 1, z = 0\}$$
$$\{(x, y, z) \mid -1 \leq y \leq 1,\ -1 \leq z \leq 1, x = 0\}$$
$$\{(x, y, z) \mid -1 \leq z \leq 1,\ -1 \leq x \leq 1, y = 0\}$$

すると、点A, B, C, A′ ,B′ ,C′ ,A″ ,B″ ,C″の座標は以下のようになります。

A(−1, 0, 0), B(−1, 0, 1), C(0, 0, 1)

A′ (0, −1, 0), B′ (1, −1, 0), C′ (1, 0, 0)

A″ (0, 0, −1), B″ (0, 1, −1), C″ (0, 1, 0)

そして、Figure Ⅲを実線に沿って切ります。図の中にある実線にも切り込みを入れてください。切り込みを入れたものをパーツⅢ′と呼ぶことにします。切るところがたくさんありますが、これを3個作ってください。

各パーツⅢ′を点線に沿って折ります。このとき点線が内側になるように90度に折ってください。折り曲げたあと、セロハンテープで辺と辺が合うところを貼ってください。

このとき2個のBが合うことに注意してください。

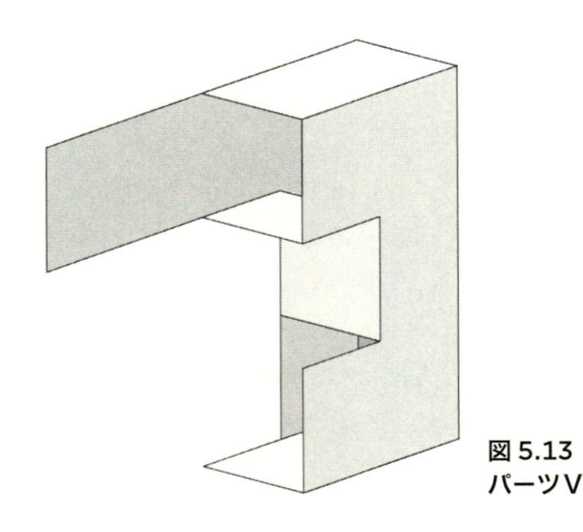

図5.13 パーツV

これは図5.13のような形になります。この図形をパーツVと呼びます。

パーツVが3個できました。それぞれ、パーツV-1、パーツV-2、パーツV-3と呼ぶことにします。また、各パーツにはA,B,Cが書かれているはずです。

ここから、パーツV-1を、さきほどのパーツⅣにセロハンテープを使って貼ります。その際、パーツV-1のAがパーツⅣのAに、BがパーツⅣのBに、Cも同様にパーツⅣのCに合うようにします。

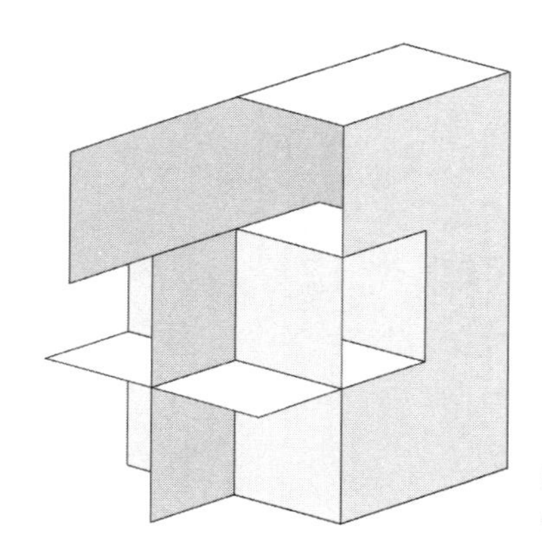

図 5.14
パーツⅥ

図5.14のような形ができます。これを「パーツⅥ」としましょう。

さらに、パーツⅤ-2に書き込んであるA,B,CをA′,B′,C′、パーツⅤ-3に書き込んであるA,B,CをA″,B″,C″と呼ぶことにします。

パーツⅤ-2をパーツⅣにセロハンテープで貼ります。このとき、A′がA′に、B′がB′に、C′がC′に合うようにします。

すると、図5.15のような形ができます。これをパーツⅦと呼ぶことにします。このとき、パーツⅤのひとつに書かれている矢印は、別のパーツⅤに書かれている二重矢印に合っているはずです。

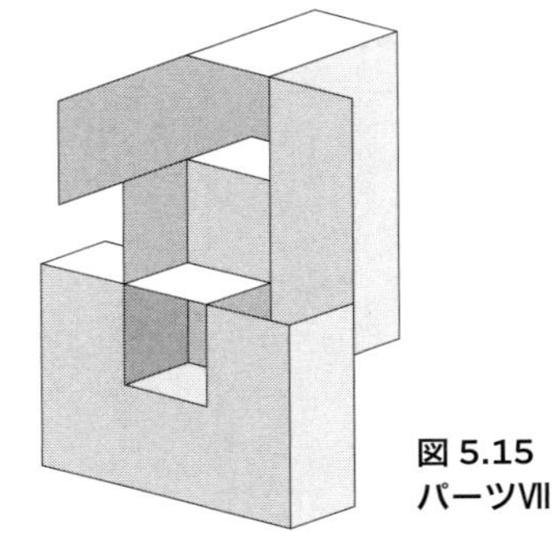

図 5.15
パーツⅦ

パーツⅤ-3 をパーツⅣに貼って、図 5.16 の「パーツⅧ」ができます。

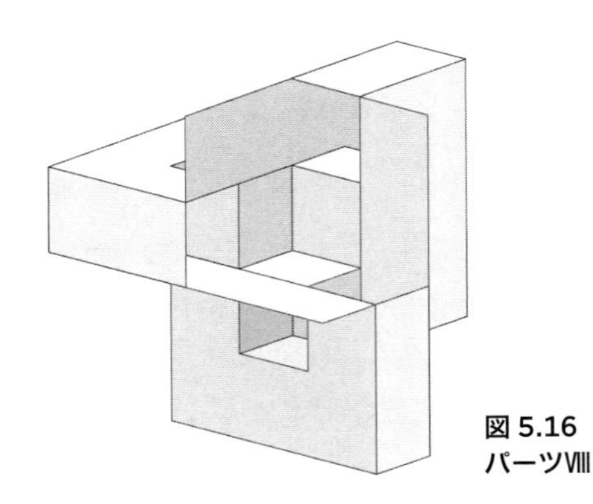

図 5.16
パーツⅧ

ここから、Figure Ⅱのコピーを実線に沿って切ってください。できたものを「パーツⅡ′」と呼びます。

パーツⅡ′を点線に沿って、点線が内側になるように 90 度に折り、セロハンテープを使って、貼っていき図 5-17 の図形を作ります。このとき2個のPが一致します。この図形を「パーツⅡ」と呼びます。あと少しでボーイ・サーフェスが完成ですので、がんばってください。

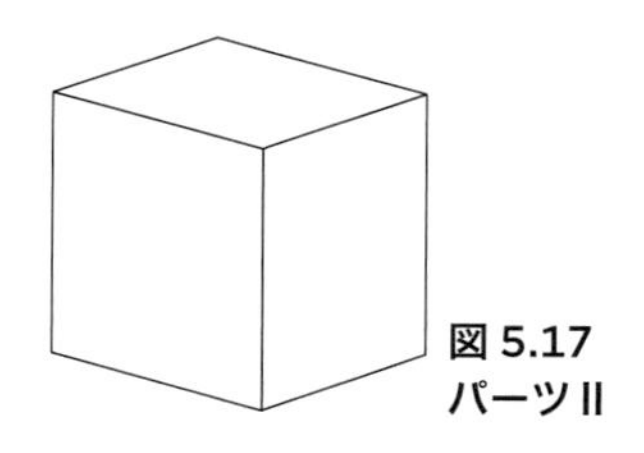
図 5.17
パーツⅡ

パーツⅡをパーツⅧにセロハンテープで貼ります。その際、パーツⅡに描かれた星印（☆）が、パーツⅧに描かれたそれぞれの星印に合うようにします。これが、ボーイ・サーフェスです。

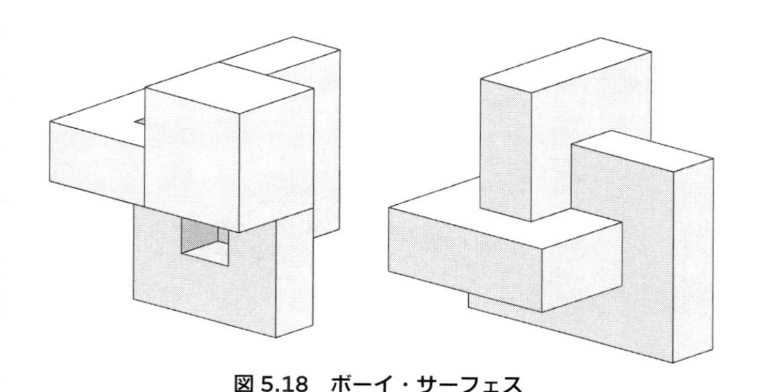
図 5.18　ボーイ・サーフェス

図5.18の2つの図は、同じボーイ・サーフェスを別の角度からも見たものです。実際に作って、見て、さわってみる

と理解が深まります。

ここで、あれっと思った読者の方もいらっしゃると思います。今、我々が作ったボーイ・サーフェスは角(かど)を持っています。この章の始めに見たボーイ・サーフェスはもっとグニャッとしていました。

そこで、我々が作ったボーイ・サーフェス(図5.18)の角になっているところを紙をしならせて曲げてください。あるいは角をなくした図形を空想してください。図5.18から角を丸めたものが先にお見せしたボーイ・サーフェス(図5.6)です。角が尖っていてもボーイ・サーフェスと言います。

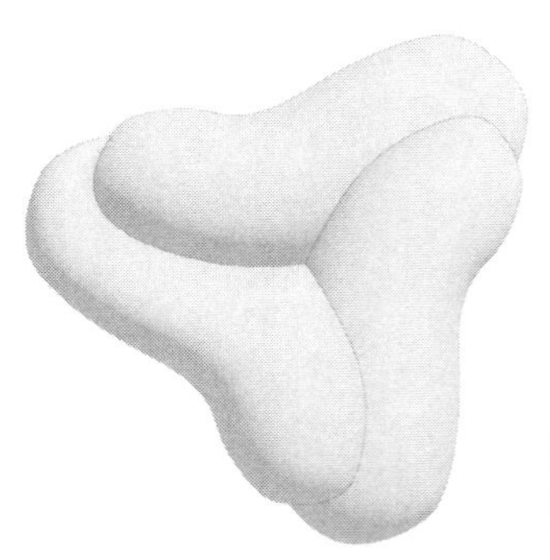

図5.19
ボーイ・サーフェス
(図5.6再掲)

5-4 2次元の工作から5次元へ

この節は、2章で見た4次元空間 $\mathbb{R}^4$ の中のクラインの壺から始めたいと思います。観照してください。

「3次元空間にはめこまれたクラインの壺」を4次元空間 $\mathbb{R}^4$ の中の「時刻1秒のところ」に置きます（図5.20）。

4次元空間 $\mathbb{R}^4$ の中の自己接触のないクラインの壺（図5.21）は今の図5.20の位置に持っていくことができます。しかも、直前まで自己接触がないようにです（専門的には「レギュラー・ホモトピーで移した」と言います）。

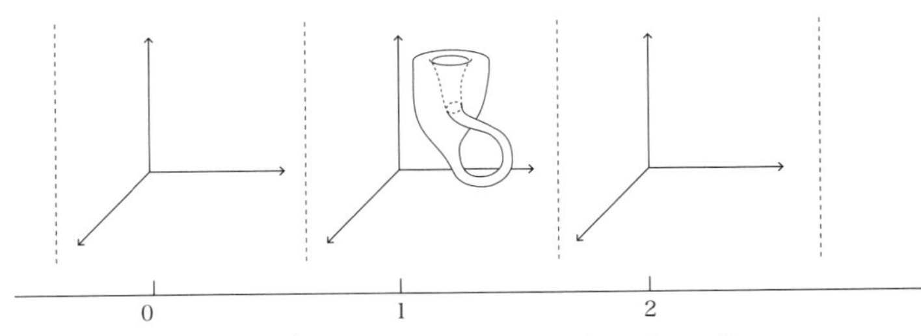

図 5.20　4 次元空間 $\mathbb{R}^4$ の中の「はめ込まれたクラインの壺」

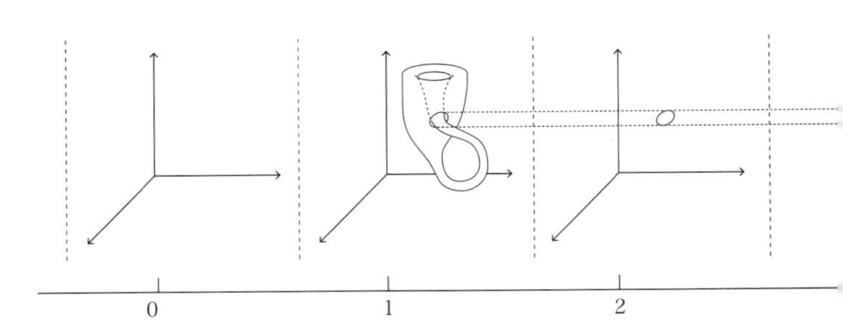

図 5.21　4 次元空間 $\mathbb{R}^4$ の中のクラインの壺

これと似たことを 2 次元実射影空間 $\mathbb{R}P^2$ とボーイ・サーフェスで考えるとどうなるのでしょうか。

4 次元空間 $\mathbb{R}^4$ の中の $\mathbb{R}P^2$ を想像してみます。

図 5.22 のようにイメージします。

次に、ボーイ・サーフェスを用意します。このボーイ・サーフェスを 4 次元空間 $\mathbb{R}^4$ の「時刻 1 秒のところ」に置きます（図 5.23）。そして、さきほどクラインの壺で考えたような問題を考えます。

4 次元空間 $\mathbb{R}^4$ の中で、2 次元実射影空間 $\mathbb{R}P^2$ をボーイ・

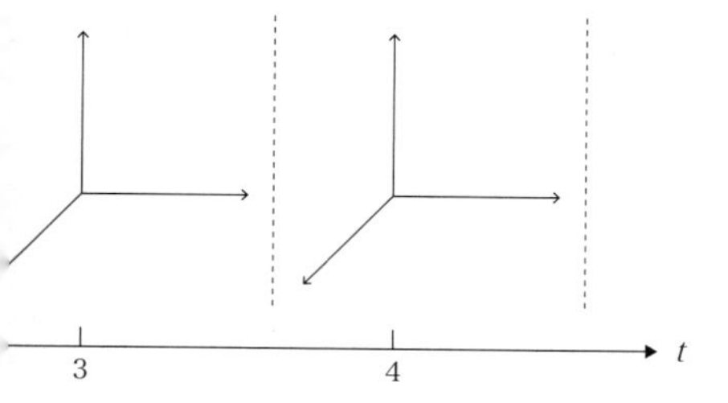

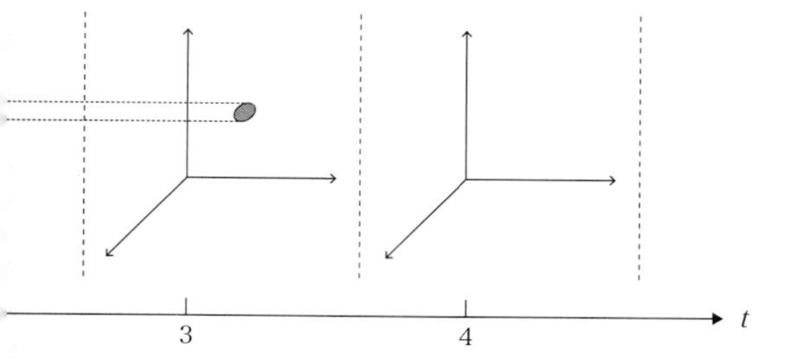

サーフェスに持っていきたいとしましょう。これを、ボーイサーフェスになる直前まで自己接触がないようにします。このように移動することは可能でしょうか？

予想つきましたか。これはできません。しかし、次のことは正しいのです。

5次元空間 $\mathbb{R}^5$ を作ります。たて・よこ・たかさ・時間のほかにもう1つ「方向」を用意することにしましょう。3次元空間 $\mathbb{R}^3$ から4次元空間 $\mathbb{R}^4$ を思いついたときと同じ要領でできます。

図 5.22 と図 5.23 の 4 次元空間 $\mathbb{R}^4$ はこの 5 次元空間 $\mathbb{R}^5$ の中にあるとします。すると、図 5.22 の 2 次元実射影空間 $\mathbb{R}P^2$ と図 5.23 のボーイ・サーフェスは 5 次元空間 $\mathbb{R}^5$ の中にあると見なせます。

この 5 次元空間 $\mathbb{R}^5$ の中で 2 次元実射影空間 $\mathbb{R}P^2$ をボーイ・サーフェスに持っていくとします。また、2 次元実射影空間 $\mathbb{R}P^2$ はボーイ・サーフェスになる直前まで自己接触がないようにします。5 次元空間 $\mathbb{R}^5$ であれば、この操作は可能です。

前にも言ったように、曲面は 2 次元の図形です。事実、前

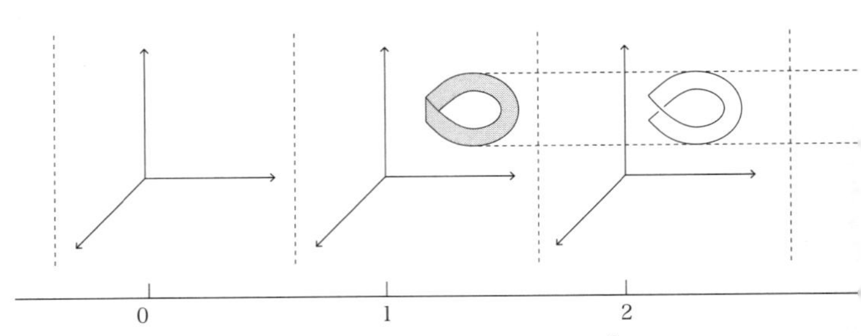

図 5.22　4 次元空間 $\mathbb{R}^4$ の中の 2 次元実射影空間 $\mathbb{R}P^2$

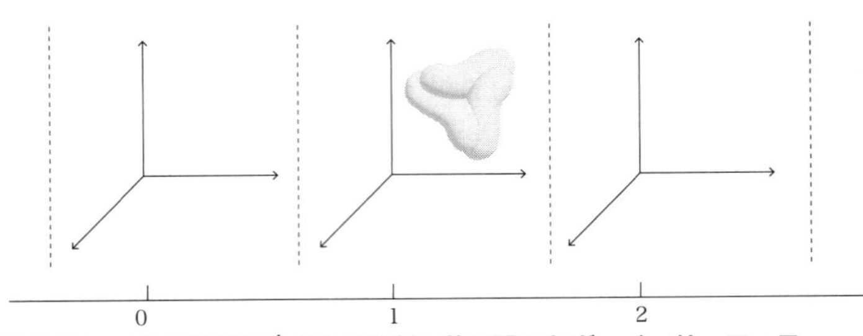

図 5.23　4 次元空間 $\mathbb{R}^4$ の中の時刻 1 秒に置いたボーイ・サーフェス

節で作り方を紹介したように、我々はトーラスやクラインの壺、2次元実射影空間 $\mathbb{R}P^2$ やボーイ・サーフェスを正方形から作りました。正方形は2次元の図形の中でも基本的なものです。このように、2次元の話から始めて、5次元に遭遇しました。

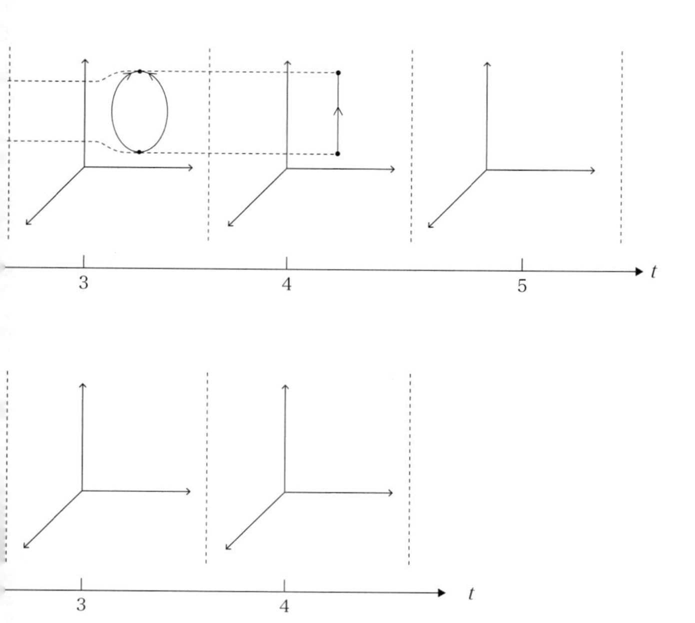

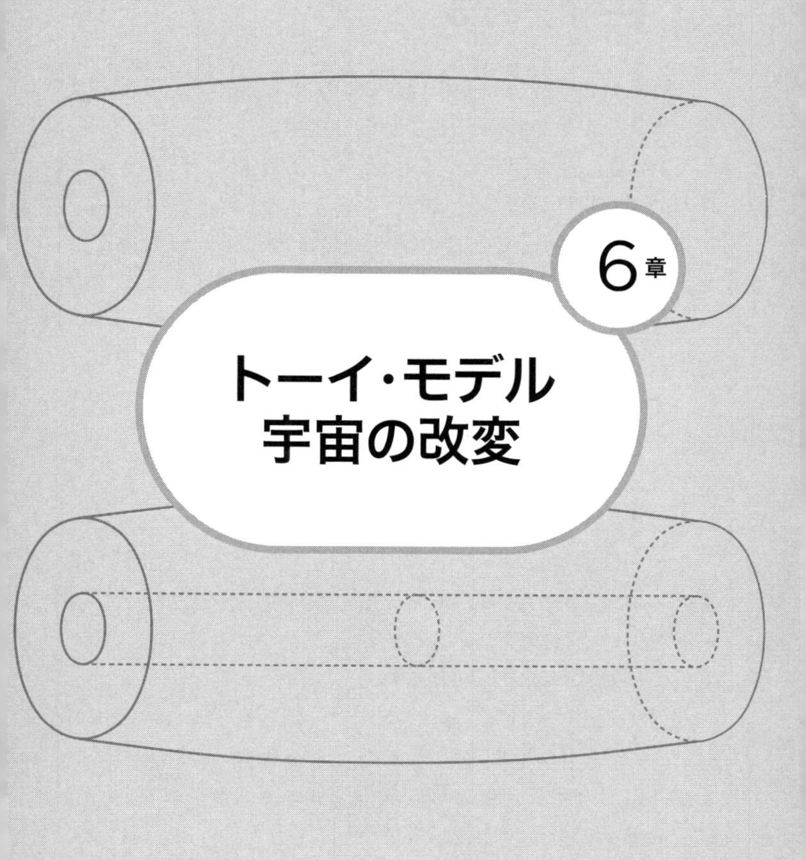

6章 トーイ・モデル宇宙の改変

6-1 トーイ・モデル

自然科学の研究は多くの場合このように進められます。まず、体験や実験を鑑み、そこから自然法則がこうなるであろう、と仮説（アンザッツ Ansatz）を立てます。その検証のためにより精度のよい実験を行います。その実験結果から、どうやらこの仮説でうまく説明できそうだと思ったとします。その場合は、その仮説を採用します。うまく説明できない場合には、その仮説を捨てます。

そのため、次のことが起こります。ある仮説が採用されても、その後、実験精度が上がったときに、実験結果が仮説とは異なるものになる。これまでの仮説では説明がつかなくなることは多々起こります。そのときは新しく仮説を立て、理論を書き換えます。

たとえば、ニュートン力学で採用していた時間や空間や質量やエネルギーの性質があります。実験精度が上がるとニュートン力学では説明ができないことが見つかりました。その結果、相対性理論が作られました。

ただ、ここで次のことに注意してください。このときに「ニュートン力学が間違っていた」という言い方は正しくありません。今でも、ある極限状態（低エネルギー状態）ではニュートン力学で説明は足ります。

相対性理論は次のようにできたのです。ニュートン力学をエネルギーが低い状態におけるよい近似として含むように拡張して、相対性理論を作ったのです。このような造り方を科学者はします。そうやって自然科学は発展し、今も発展しています。

さらに、宇宙や究極物質を考えるときには、このような考え方もします。

たとえば、宇宙はこういう性質をしているだろうと考え、それに当てはまるモデルを作ろうとします。その結果、あるモデルを考えました。しかし、実際には、宇宙がこのようなモデルである可能性は低い、あるいは、可能性はないと考え直したとします。

しかし、それでもそのモデルを深く論じることがあります。そういうモデルを「トーイ・モデル（toy model）」と呼びます。日本語に訳すと玩具模型です。

実際の宇宙を表すモデルをいきなり構築することはとても難しいことです。そのため、トーイ・モデルを考察していきます。これを実際の宇宙を考えるためのステップとするわけです。トーイ・モデルからいろいろ考えていくことで、その考察から、さらにいいモデルが作られることがしばしばあります。

最先端の現場ではつねに試行錯誤しているわけです。物理学は少しずつ発展していきます。

トーイ・モデルは、語感からかりそめのモデルのようですが、研究対象としておもしろければ長く考察されることもあります。また、このモデルそのものは自然界を表さないと最初からわかっていても、そのモデルを考察することもあります。そういうトーイ・モデルもあります（すぐ後で例を挙げます）。

こういう場合もあります。あるモデルを考えた。このモデルは現実の候補かなと思い、考察してみたけれども、現実世界のモデルとしては不適切だとわかったとしましょう。この場合は、その可能性が潰せたわけです。だから、ほかの可能性を考えようということになります。これはこれで有意義です。より精確に自然界を表すモデルに近づけます。

我々は、宇宙が2次元でないことはわかっています。ですが、曲面上で重力を考える「2次元重力」という理論があります。曲面は2次元なので2次元重力といいます。これもトーイ・モデルです。2次元重力の理論は、直接、宇宙を表すモデルではありませんが、超弦理論や宇宙論に大いに役立っています。

また、トーイ・モデルを作る中で考えられる数学的事象もたくさんあります。それが昔からある数学の未解決問題を解くヒントになったり、新しい数学の分野を切り開いたりすることもあります。そうやって昔から数学と物理学はともに発展してきました。

数学の4次元や高次元が見える人は宇宙や物理を観照できます。宇宙を幻視できる人は4次元や高次元の幾何を極められます。SF小説やSF映画・アニメ製作者は異世界を構築します。おおらかにいえば、トーイ・モデルは、そうした「架空の別世界」の最高例です。SF小説やSF映画のうち、作品内の科学的な部分が本格的なものをハードSFと言います。トーイモデルは最強のハードSFです。

この後の節では、トーイ・モデルかもしれませんが興味深い例を紹介しながら、宇宙や高次元の話を進めたいと思います。

6-2 ブラックホールに吸い込まれたらどこへ行くのか

ブラックホール

アインシュタインが発表した一般相対性理論は、ニュートンの重力理論のリニューアルがひとつの主題です。重力がとても強い場合は、ニュートンの重力方程式で記述できない、しかし、アインシュタイン重力方程式で（はるかによりよく精確に）記述されると主張しています。

シュバルツシルトがアインシュタイン重力方程式を計算し、次の予言をしました。「とても大きな重力を持っていてすべてのものを吸い込むものが存在し得る。」この予言はその後どうなったでしょうか。

夜空に輝いている星があります。自分で光っている星を恒星といいます。水素の核融合反応によって作られたエネルギーによって輝いています。しかし、この恒星も永遠に輝き続けるわけではありません。質量のとても大きな恒星の場合、最後に（輝くのが終わった後に）とても大きな重力を持ち、すべてのものを吸い込むものになる。そう信じるに足る観測がされました。これが「ブラックホール（Black hole）」です。シュバルツシルトの予言したものです。予言は当たっていました。

ブラックホールと超弦理論の関係

おおらかにいえば、究極物質とは、ものを細かくわけていって究極にいきついた結果のものです。これについては1章でも少しふれました。

「究極物質とは何か」「究極物質同士はどう反応するのか」という研究は物理学の一大重要分野です。それが、素粒子論、場の量子論、ゲージ理論などです。素粒子論、場の量子論、ゲージ理論は、それぞれやや別の意味ですが、重なり合う部分も大きくあります。本書は入門書ですので、この点はあまり気にせず混用します。

さて、ブラックホールの傍を考えてみましょう。そこでは、ものはどのように反応するのでしょう。残念ながら、これがどう記述されるかは、まだわかっていないことが多くあります。ブラックホールの傍は重力がものすごく強いからです。

素粒子論（場の量子論・ゲージ理論）はかなり完成しています。「標準理論」と呼ばれているものです。しかし、標準理論は重力がゼロのときを考えています。地球の傍ではそれで十分です。

しかし、ブラックホールの傍ではどういう反応が起こるのでしょうか。ブラックホールの傍では重力がとても強くはたらきます。そのため、標準理論（地球上で通用する現状の素粒子論）では説明ができません。そのため拡張した理論が必要になります。それが「超弦理論」です。

究極物質は「超弦」ではないか、と考える物理学者も多くいます（1章で見たように超弦は線分か円周です）。この超弦理論だとブラックホールの傍の反応もかなりうまく表すことができそうです。

ホワイトホールとワームホール

なにか「もの」が、ブラックホールに吸い込まれたとします。その「もの」は、どこに行くのでしょうか？

現実性は置いておいてこういうモデルがあります。一種のトーイ・モデルです。この思考実験を考えるうえで、とても有益なモデルです。

超弦理論やさらに発展した理論の中にも、このモデルを発展させて編み出されたモデルが出てきます（後でふれます）。

さて、そのモデルはこうです。吸い込まれたものは別の穴からすべて出ていく。この出口を「ホワイトホール」といいます。また、ブラックホールからホワイトホールまでをつなぐ「チューブ」のようなものを「ワームホール」と呼びます（図 6.1）。

図 6.1
ホワイトホール
とワームホール

このワームホールがあると、次のことが起こります。ブラックホール傍の点からホワイトホール傍の点まで「近道」ができます。もともとあった「遠道(とおみち)」とは別にです。このアイデアはSFで宇宙旅行の近道のアイデアによく使われます。

もう少し図6.1を説明してみましょう。

宇宙空間は無限に大きい3次元空間$\mathbb{R}^3$で近似されることが多くあります。しかし、4章で、宇宙はもしかしたら3次元球面S^3かもしれない、という話をしました。ここでは宇宙空間を、最初は3次元球面S^3だと考えることにします。

宇宙空間にブラックホールが1個できたとします。ホワイトホールも1個できたとします。これはワームホール1本でつながっています。宇宙が、図6.2のような形に変わりました。

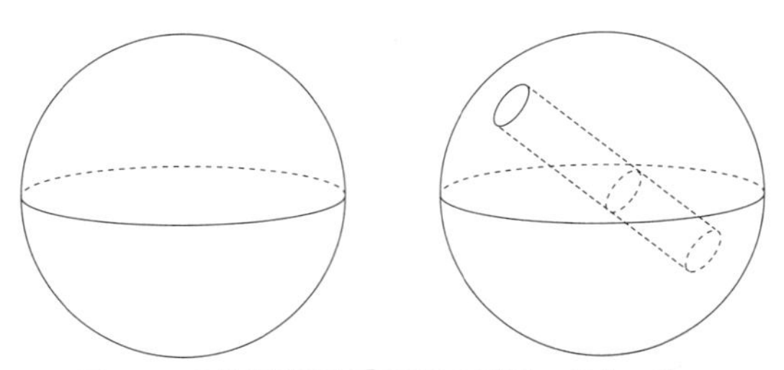

図6.2　3次元球面S^3宇宙のブラックホール、ホワイトホール、ワームホール

この図は、その気持ちを描いています。なぜ、ここで「気持ち」と言ったのでしょうか。宇宙は3次元なのに、2次元の図形（曲面）として描いているからです。

この点を掘り下げながら数学の話を続けていきます。

図6.2をもう少し数学的に厳密に描いていきます。まず、図6.2は、(気持ちは) 3次元球面S^3にブラックホールとホ

ワイトホールを1個ずつ作って、ワームホール1本でつないだものでした。ただし、「描きたい絵」から次元を1個落として2次元にした絵です。

では、「描きたい絵」を3次元のまま披露することにします。これは、4次元空間 $\mathbb{R}^4$ に描かれます。

6-3 4次元空間 $\mathbb{R}^4$ に描かれた絵

図6.3の下図をよく見てください。ここまで本書を読んできた方はすでにお気づきだと思います。これはトーラスです。

球面にワームホールができました。ワームホールは、ブラックホールからホワイトホールまでの筒のようなものです。図6.2を言い換えるとこうなります。図6.3の上図は球面です。図6.3の下図はこの球面をトーラスに改変したものです。

この図6.3の次元を1個上げて「描きたい絵」を今から描きます。

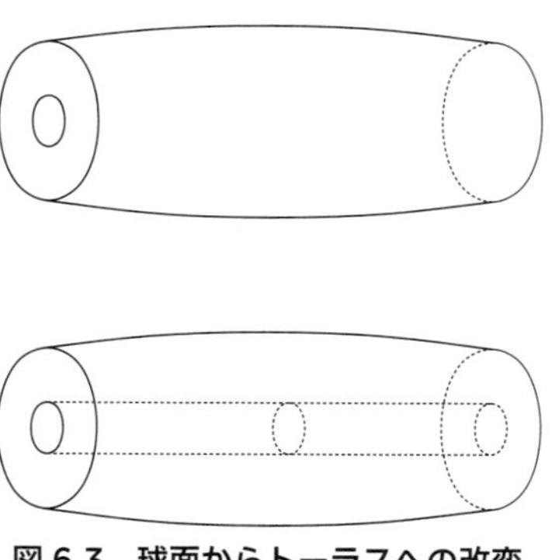

図6.3 球面からトーラスへの改変

図 6.3 の操作を数学の専門用語でこういいます。

「3 次元第 1 ハンドルによるサージェリー1 回」

数学の文献ではサージェリーを手術と訳します。改変（操作）ということもあります。この言葉は 6-4 節に登場します。興味のある方は、下記の本をご覧ください。

Kirby *'The Topology of 4-manifolds'*

Gompf and Stipsicz *'4-manifolds and Kirby calculus'*

さて、図 6.3 の球面（上図）に注目してください。この図を両端と真ん中で切り、その切り口を描いたものが図 6.4 です。

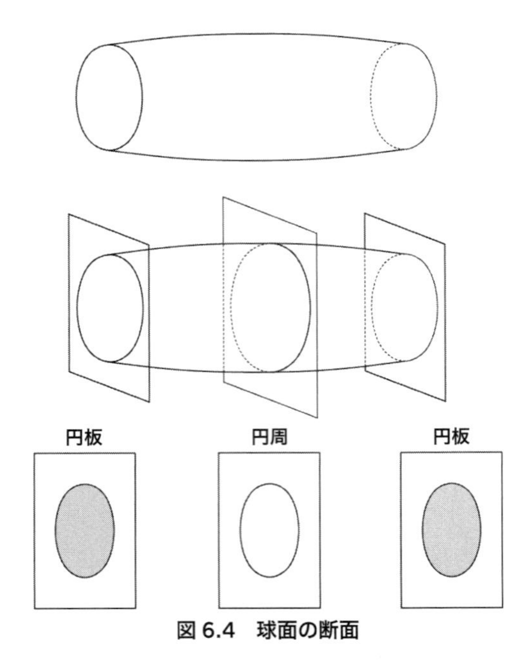

図 6.4　球面の断面

次に、図 6.3 の下図のトーラスを同様に切って、その断面を考えてみましょう。

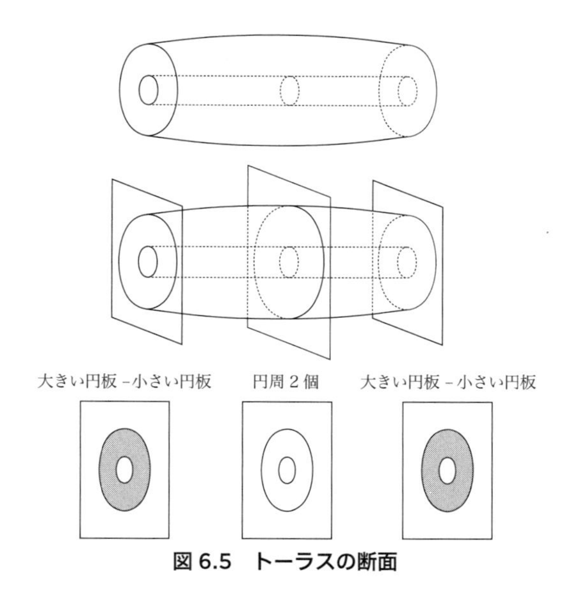

図 6.5　トーラスの断面

図 6.5 のようになります。この操作を、次元を 1 個上げます。

6-4 3 次元球面 S^3 を手術する

図 6.6 は 4 次元空間 $\mathbb{R}^4$ の中の 3 次元球面 S^3 です。4 章にも登場したので見覚えがあると思います。

図 6.6 の下図は、上の図形を連続変形して作ったものです。単純に連続変形しただけなので、下図も 3 次元球面 S^3

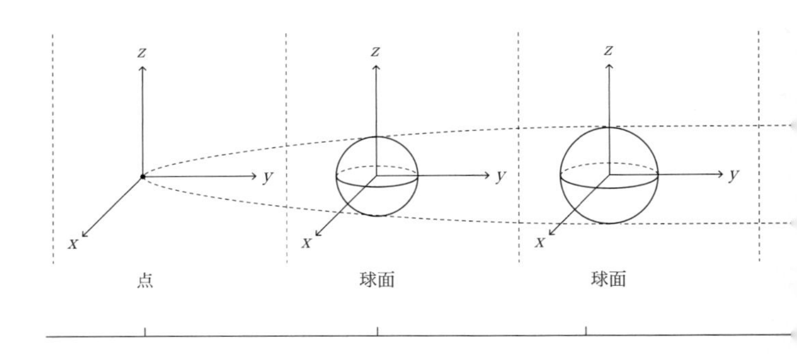

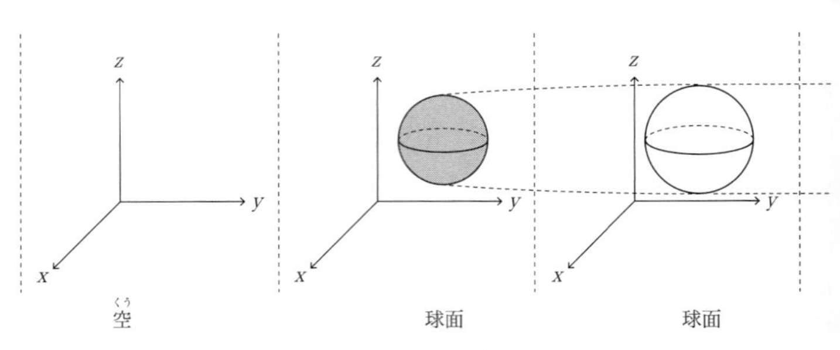

図 6.6　4 次元空間 $\mathbb{R}^4$ の中の 3 次元球面 S^3

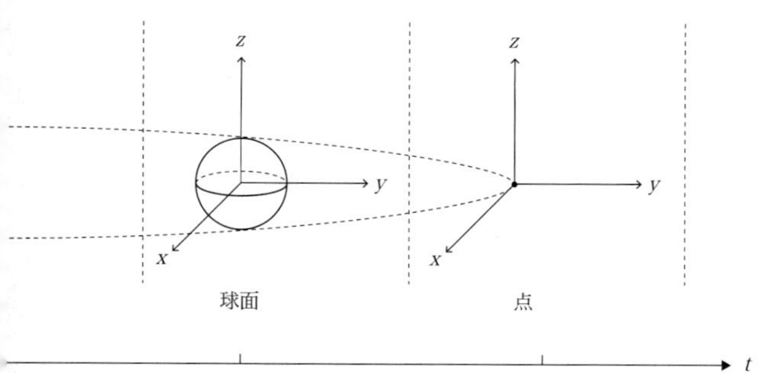
z
y
x
球面
z
y
x
点
t

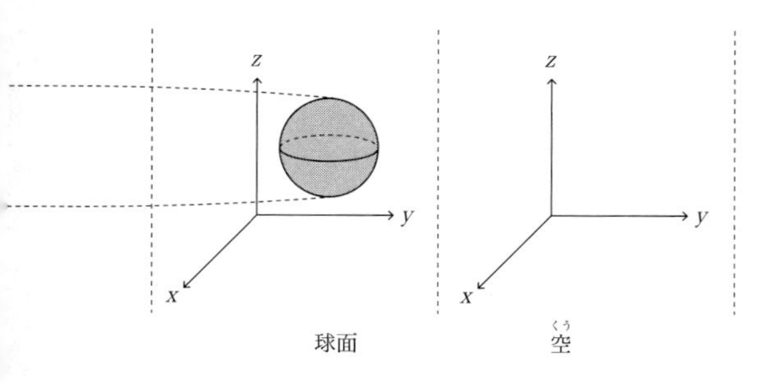
z
y
x
球面
z
y
x
くう
空

を4次元空間 $\mathbb{R}^4$ に描いたものです。

すでに、皆様は4次元空間 $\mathbb{R}^4$ 内の変形を見ることができると思います。同時に、このことにも気づいているかもしれません。図6.6の下図は、図6.4の真ん中の図「切断した球面」の次元を1個上げたものになっています。

思い出してください。図6.3は、球面からトーラスへの改変でした。この改変の「次元を1個上げた改変」が図6.7です。これが「描きたい絵」です。

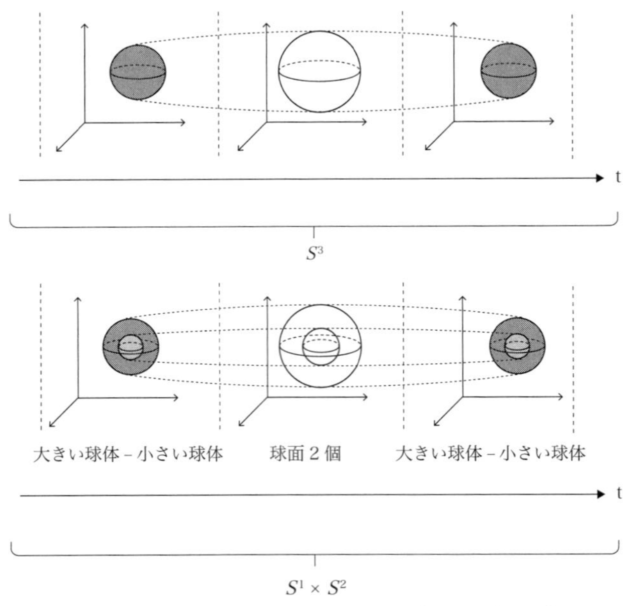

図6.7　4次元空間 $\mathbb{R}^4$ の中での3次元球面 S^3 から $S^1 \times S^2$ への改変

この図6.7の下の図形は、図6.5の真ん中の図「切断したトーラス」の次元を1個上げたものになっています。下の図形と上の図形とは「別の形」だということが知られています。

本書に合わせて説明すると、宇宙が3次元球面S^3だと思った絵が上の図形で、宇宙にブラックホールが1個だけ、ホワイトホールが1個だけあり、それがワームホール1本だけでつながっている状態が下の図形になります。

宇宙を改変した

空想してください。これは、ワームホールができたことで「宇宙の形が変わった」「宇宙を改変した」とも言えます。これは、ますます、SFのようです。

じつは、図6.7の下の図形には「$S^1 \times S^2$（エスワン・クロス・エスツー）」という名前が付いています。S^1、S^2の由来は、1次元球面S^1、2次元球面S^2です。$S^1 \times S^2$の×はかけ算記号が由来です。その理由を知りたい方は、拙著『多様体とは何か』などをご覧ください。ちなみにトーラスは$S^1 \times S^1$と同じ図形です。

さて、図6.7の「上の図形から下の図形への改変」は、数学の専門用語でこう言います。「4次元第1ハンドルによるサージェリー1回」。

「n次元第pハンドルによるサージェリーk回」（kとnは非負整数。pはn以下の非負整数）という改変操作もあります。この言葉は8章でもう少し詳しく見ることにします。いまは、こういう言い方があるんだなというくらいに考えてください。偉大な数学者たちスメイルとクィレンとフリードマンは、サージェリーに関する研究でフィールズ賞を受賞しています。

6-5 ワームホール

ワームホールは今も大真面目に研究されています。少なくともトーイ・モデルとしてはされていると思います。
たとえば、プリンストン高等研究所のマルダセナとチェン、ジョンズホプキンス大のバーという偉大な物理学者たちがワームホールについての論文を書いています。Estimating global charge violating amplitudes from wormholes.I.Bah, Y.Chen, and J. Maldacena.J. *High Energ. Phys.* 2023, 61 (2023).

下の図 6.8 は、その論文からワームホールの絵を引用したものです。

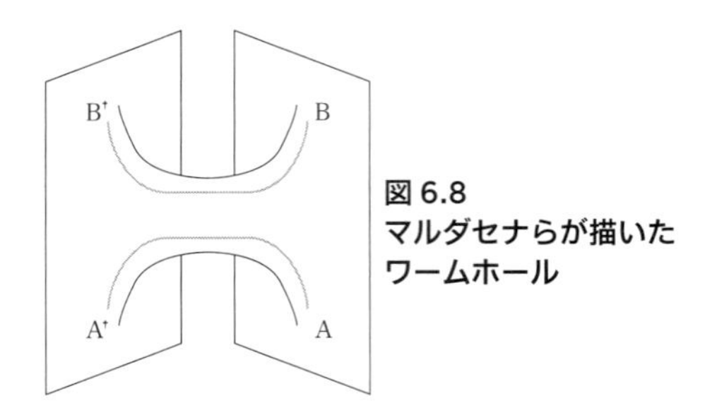

図 6.8
マルダセナらが描いたワームホール

ほかにも、ノーベル物理学賞を受賞したソーンら偉大な物理学者たちが書いたワームホールの論文もあります。

M. S. Morris, K. S. Thorne and U. Yurtsever, "Wormholes, Time Machines and the Weak Energy Condition", *Physical Review Letters.* 61, (1988) 1446-1449.

M. S. Morris and K. S. Thorne, "Wormholes in spacetime and their use for interstellar travel: A tool for teaching General Relativ-ity", *American Journal of Physics.* 56, (1988) 395-412.

7章

宇宙の形の可能性

7-1 $S^1 \times S^2 \neq$ 3次元球面 S^3

この本の冒頭で次の質問をしました。

宇宙が以下の3個の性質を持つとします。その場合、宇宙はどういう形でしょうか？

- **宇宙のどの点も、その点のまわりは、小さい3次元空間だ**（「その点のまわり」というのはその点を含む）。
- **どこまで行っても境界はない。**
- **有限の大きさを持つ。**

無限に大きい3次元空間 $\mathbb{R}^3$ はこれら3個の性質すべては満たしません。なぜなら、無限の大きさを持つからです。しかし、3次元球面 S^3 は、この3個の性質をすべて満たします。S^3 は、この質問への回答の1つです。

それでは、あらためて質問します。3次元球面 S^3 以外で、この3個の性質を満たす図形はあるでしょうか？

皆様はすでにわかっていると思います。前章で見た「$S^1 \times S^2$（エスワン・クロス・エスツー）」は、これらの性質3個をすべて満たします。

皆様は、すでに $S^1 \times S^2$ を想像できるでしょう（6章の図6.7参照）。それが、たしかにこれらの性質を満たすことが見えますか？　4次元の図（図6.7）を頭に浮かべてぼーっと眺めてください。もしくは、見るともなく見てください。必要なら1個次元を下げた場合のトーラスの絵（図6.3）から類推してください。

$S^1 \times S^2$ は3次元球面 S^3 とは違う別の図形だということ

もわかっています。この説明は多様体・トポロジーの教科書に載っているので興味のある方は調べてください。本書でも後で少しふれます。

さらに進んで考えてみましょう。上の問いへの回答、すなわち「宇宙の形の可能性」は、$S^1 \times S^2$ 以外にもあるでしょうか？

それについて、これから考えていくことにします。

「4-1 節の後半の話」（局所的には 2 次元空間 $\mathbb{R}^2$ だが全体は図 4.2（球面）だったという「問い」）を思いだしてください。考えてください、この「問い」の答えは、球面のほかにトーラスやクラインの壺や 2 次元実射影空間 $\mathbb{R}P^2$ などでもよいわけです。この「問い」の次元を 1 個上げたものが、この章で今、問うていることです。

7-2 トポロジー（位相幾何学）

トポロジーというのは、図形がどういう形をしているかを研究する数学の分野です。そのためには、「どの図形とどの図形が、どのように同じか」という基準が必要になります。「同じ」の根拠を決めるわけです。

大雑把に言うとこうです。「伸ばしたり引っ張ったりして一致すれば同じ」です。

トポロジーの和訳には位相幾何、もしくは、位相幾何学という言葉が使われます。

本書でも、アニュラスを伸ばしたり、引っ張ったりしたものはアニュラスと見なすという立場で議論していました。

ただ、「アニュラスを引っ張っても同じ」というだけでは、研究としてあまりおもしろくありません。
　そこで、『アニュラスとメビウスの帯は「伸ばしたり引っ張ったり」して一致させられるか？』ということを考えました。これでおもしろくなってきました。
　アニュラスとメビウスの帯は別のものです。これは知られています。また、本書でもその探り方をいくつか紹介しました。たとえば、境界が1個の円周か、2個の円周か、を見る方法がそれです。
　でも、これだけでは、そこまでおもしろいとは思わないことでしょう。もちろん扱う対象はほかにもあります。
　これまで見てきた、トーラス、クラインの壺、2次元実射影空間 $\mathbb{R}P^2$ は各々別のものです。S^3 と $S^1 \times S^2$ は別のものです。

　トポロジーでは、無限個の図形を扱います。さらに、どのような図形があるのか、どのような性質を持つのかを探究します。
　その結果、多くのすごいことがわかっています。この後、紹介していきます。もちろん、まだわかっていないこともたくさんあります。これについても、紹介します。
　次元も、非負整数すべてだけでなく、無限や「整数でない実数」まで考えます。また、さきほど言った「同じ」という基準もいろいろあります。
　トポロジーは、たんに数学だけにとどまらず、超弦理論や宇宙論、素粒子論とも相俟（あいま）って深く高い研究結果が多く生まれています。

7-3 ポアンカレ球面

もう一度、さきほどの質問を整理して考えていくことにします。

次の（Ⅰ）（Ⅱ）（Ⅲ）の性質を持つ図形とはなにか。

（Ⅰ）どの点も、その点のまわりは、小さい３次元空間だ
（Ⅱ）どこまで行っても境界はない
（Ⅲ）有限の大きさを持つ

この３つの条件を少し数学的に厳密にしてみましょう。

(1)　（Ⅰ）と同文です。
(2)　有限個の『境界のある球体』に分割できる。

最初の質問を、数学的にやや厳密に言い直すとこうです。
「**(1)（2)** の条件を満たす図形はなにか」。
「境界がある球体」は **(2)** は満たすが **(1)** は満たしません。「境界の上の点」が **(1)** を満たさないからです。なので、じつは **(1)** だけで、**(Ⅱ)** で漠然と言っていた「境界がない」という条件を含むと言えなくもないです。

このあたりの話は、「コンパクト」という専門用語を使えば短く言うことができます。さらに、「完備距離空間」という言葉も用いて補足したいです。本書では、深く立ち入りませんが、集合・位相や多様体の教科書に載っていますので興味のある方はお読みください。ここでは、雰囲気だけで先に進みます。

3次元球面S^3は（1）（2）の性質を持ちます。3次元空間$\mathbb{R}^3$は（1）は満たしますが、じつは（2）を満たしません。じつは、この証明はすごく簡単というわけにはいきません。集合・位相の教科書に基本事項として載っているので、興味のある方は探してみてください。

それでは、この章の本題に入ります。

条件（1）（2）を満たす図形に、3次元球面S^3や$S^1 \times S^2$以外の図形はあるでしょうか。

答えを先に言うと、あります。たとえば、3次元実射影空間$\mathbb{R}P^3$やポアンカレ・ホモロジー球面という図形があります。このポアンカレ・ホモロジー球面を略して「ポアンカレ球面」ともいいます。

これまで見てきたように、3次元球面S^3や$S^1 \times S^2$は、4次元空間$\mathbb{R}^4$の中に自己接触のない絵が描けました。しかし、3次元実射影空間$\mathbb{R}P^3$とポアンカレ・ホモロジー球面は、4次元空間$\mathbb{R}^4$に自己接触なく絵を描くことが不可能です。ただし、これは5次元空間$\mathbb{R}^5$にはできます。

さらに、条件（1）（2）を満たす図形は無限個あります。

というわけで、こういうことです。

序章で宇宙の身近なようすから議論を始めました。そこから進んで、4次元空間$\mathbb{R}^4$や5次元空間$\mathbb{R}^5$に邂逅（かいこう）しました。高次元空間というのは自然界を考えていたら自ずと現れるものなのです。

$S^1 \times S^2$は3次元球面S^3から次の操作で得られると話しました。前章で登場した「4次元第1ハンドルによるサージェリー1回」です。

さらに、3次元実射影空間 $\mathbb{R}P^3$ とポアンカレ・ホモロジー球面のそれぞれは次の操作で得られます。「4次元第2ハンドルによるサージェリー1回」（興味のある方は、6-3節の参考文献をご参照ください）。

7-4 超弦理論と高次元

超弦理論の話は今までにも何度か登場しました。究極物質は曲がった線分か円でできている。そう考えると宇宙がうまく記述できるという理論です。

さて、超弦理論を構築するためには、次の仮定をしないと理論がうまく作れません。宇宙は10次元か11次元くらいだ。

こう聞くと、いやこの世界は、時間を入れて4次元じゃないのかと思うかもしれません。これについては、我々のふだんいる場所では6次元か7次元ぶんは小さくなっている。そのために時間を入れて4次元になっていると説明されます。時間を措けば、3次元です。

ここで、10次元や11次元について想像してみましょう。今まで、4次元空間 $\mathbb{R}^4$ を何度も見ました。5章では、5次元空間 $\mathbb{R}^5$ も出てきました。そこから10次元空間 $\mathbb{R}^{10}$ や11次元空間 $\mathbb{R}^{11}$ を類推してください。n 次元空間 $\mathbb{R}^n$ も類推してみましょう（n は自然数か0とします）。この場合、位置を決めるのに n 個の数字が必要になります。n 次元空間 $\mathbb{R}^n$ は、軸が n 本で特徴づけられます。ここでも、おおらかにイメージを捉えるだけでかまいません。いったん、先に進みましょう。

さて小さくなった6次元もしくは7次元はどういうものでしょうか。たんなる6次元空間$\mathbb{R}^6$や7次元空間$\mathbb{R}^7$ではない可能性もあります。

本書は宇宙についてこういうことを紹介しました。宇宙は3次元空間$\mathbb{R}^3$ではないかもしれない。3次元球面S^3や$S^1 \times S^2$であるかもしれない。そのような可能性を示しました。じつは、この議論は、超弦理論よりは大雑把に見た場合の話でした。

おおらかに言うとこうなります。超弦理論では宇宙は小さい部分だけ見たら10次元空間$\mathbb{R}^{10}$か11次元空間$\mathbb{R}^{11}$です。しかし、全体は大きな10次元空間$\mathbb{R}^{10}$や11次元空間$\mathbb{R}^{11}$ではない。

超弦理論は今のところ、実験や観測でたしかめようがありません。しかし、多くの物理学者はかなり精確な理論だと信じています。超弦理論は「現実とは違うかもと思いつつも作ったモデル」ではありません。その意味ではたんにトーイ・モデルとして作られたわけではありません。（エネルギーが、ある大きさのレベルでは）宇宙の精確なモデルだと信じられています。

新しい言葉を導入しましょう。nは0か自然数とします。ある図形のどの点を見ても次の性質を持つとします。

その点のまわりがn次元空間$\mathbb{R}^n$（「その点のまわり」というのはその点を含む）。

このような図形を「n次元多様体」と呼びます。n次元空間$\mathbb{R}^n$はこのような性質を持ちます。そのため、n次元空間

$\mathbb{R}^n$ は、n 次元多様体です。

n 次元空間 $\mathbb{R}^n$ 以外にもこのような性質を持つ図形はあります。本書でもこれまで、$n = 2$、$n = 3$ の例を紹介しました。

球面（2 次元球面 S^2）やトーラスは 2 次元多様体です。3 次元球面 S^3、$S^1 \times S^2$、ポアンカレ・ホモロジー球面は 3 次元多様体です。

超弦理論では、たとえば、宇宙を次のようなものとして考えることもあります。高エネルギーのときは、局所的には $\mathbb{R}^{10}$ だが、エネルギーが下がると次になる。

「4 次元空間」と『「カラビ＝ヤウ 3 フォールド」という 6 次元多様体』の直積多様体。これは 10 次元多様体の一種です。カラビもヤウも偉大な数学者です。

現在、『「素粒子の標準模型」と「一般相対性理論」の統一理論』として有力な候補が超弦理論です。そのほかにも有力な候補は存在します。それが「ループ量子重力理論」というものです。

超弦理論とループ量子重力理論の関係は、こう考えられているようです。どちらかが正しくてどちらかが間違っているというのではない。2 つの理論にはなんらかの関係があるのだろう。たとえば、どちらかの理論がもう一方の理論の低エネルギー極限になるのではないか。あるいは、両理論の実験値の予想は（どちらかもしくは双方でちょっと変数変換すれば）同じになるのではないか。その根拠のひとつは（本書の意図ではないので、この詳細には立ち入りませんが）、実際に両理論にあらわれる数学に、似たもの（8-3 節のようなもの）が多いことです。

7-5 ポアンカレ予想はまだ解けていない!?

「7－3節の冒頭に登場した（1）（2）の条件を満たす図形は、どのようなものがあるのか」という問いかけは、数学として極自然なものです。この問いを考えるならば、「そういう図形の中で（気分的に見て）いちばん簡単そうな3次元球面 S^3 は、どういう特徴づけができるのか」という問いは基本的なものでしょう。この（数学の）問いに関する話を以下しばらくします。

7-3節にポアンカレ球面という言葉が登場しました。これは、偉大な数学者アンリ・ポアンカレが発見した図形のため、その名前が付けられています。ポアンカレは、有名な「ポアンカレ予想」にも名が残っています。これはトポロジーの分野で有名な難問です。それをここで紹介します。

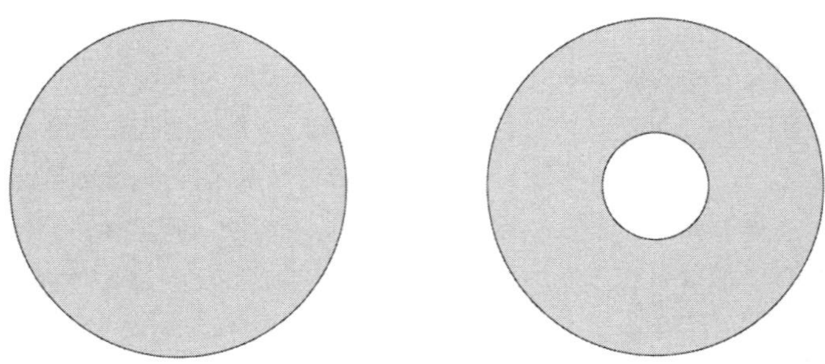

図7.1　円板とアニュラス

図7.1の左は「閉円板」（境界を含む円板）です。右は「閉円板から小さい開円板（境界を含まない円板）を切り抜いた

もの」です。「穴あき円板」と仮に呼ぶことにしましょう。5円玉や50円玉のような形です。この穴あき円板はアニュラスです。この穴あき円板は境界を含んでいることに注意してください。境界は円周2個です。

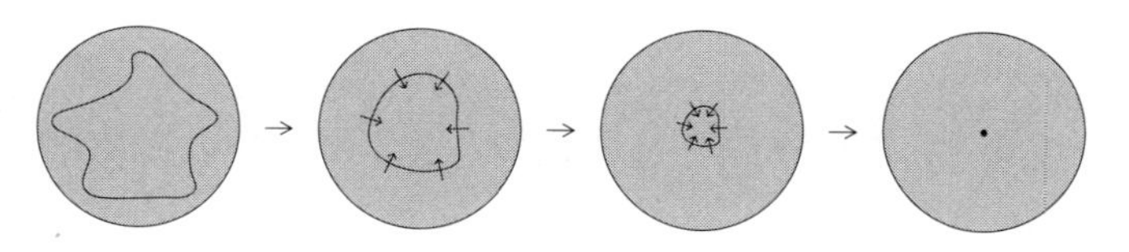

図 7.2　円板の中の円周

円板の中に円周を描きましょう。円周は曲がっていてもかまいません。図7.2は、左の円板から右に進んでいくにつれて円周が潰れていくようすを表しています。「円板の中に描いた円周」はこのような連続変形で必ず1点に潰すことができます。

では、これと同じことを穴あき円板で行うとどうなるでしょうか。穴あき円板に円周を描きます。円周は曲がっていてもかまいません。図7.3の円周は連続変形で1点に潰すことができます。

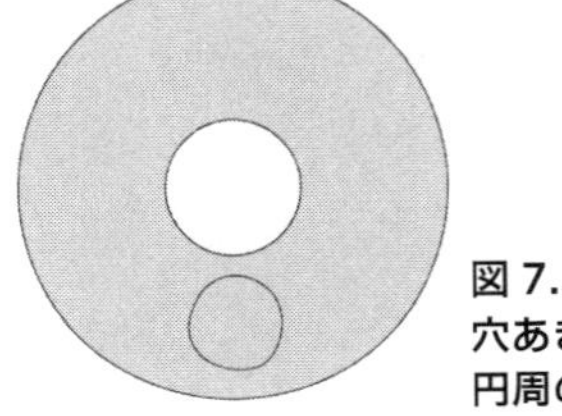

図 7.3
穴あき円板の中の円周の例 1

しかし、図 7.4 のように穴あき円板に円周を描くと、どうでしょう。

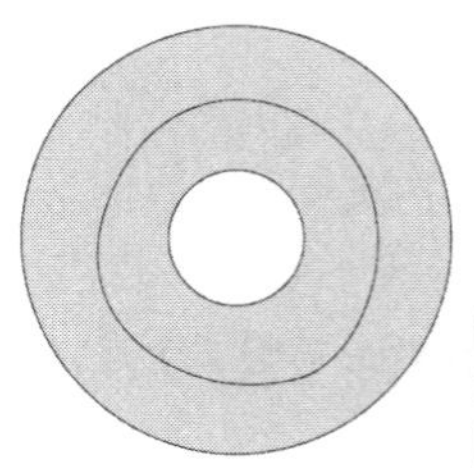

図 7.4
穴あき円板の中の円周の例 2

この円周は穴あき円板の中で連続変形で 1 点に潰せなさそうです。実際、そうだ、ということが知られています。

それでは、次の問いを考えてください。

問題 7.1　**図形 X があります。**

(1)　X は円板かアニュラスです。

(2)　X の中に円周を描きます。X の中のどこに描いてもかまいません。その円周は連続変形で 1 点に潰せます。

さて X は、円板でしょうか、アニュラスでしょうか。

ここまで読んだ方は、直感的には簡単だと思うでしょう。答えは円板です。

ただし、この証明はすごく簡単というわけにはいきません。興味のある方は、位相幾何（トポロジー）の教科書に基本事項として載っているので、探してみてください。

それでは、この問題を発展させながらポアンカレ予想について見ていきましょう。

7-6 ポアンカレ予想とはなにか

7-3 節では 2 つの条件が登場しました。

（1）どの点も、その点のまわりは、小さい 3 次元空間だ。

（2）有限個の『境界のある球体』に分割できる。

この条件（1）を満たす図形を「3 次元多様体」といいました（7-4 節で導入した n 次元多様体の $n = 3$ の場合）。さらに、条件（1）（2）を満たす図形を「3 次元閉多様体」といいます。

この「3 次元閉多様体」は無限個あることが知られています。

さて、もう一つ問題を考えてみましょう（必要なら問題文中の 3 を 2 に替えた問いを考えて、意味を捉えてください）。

問題 7.2　図形 X があります。

（1）　X は 3 次元閉多様体です。

(2)　X の中に円周を描きます。どこに描いてもかまいません。すると、その円周は連続変形で 1 点に潰すことができます。

さて、X は 3 次元球面でしょうか。

この問題をポアンカレ予想といいます。

すぐ前に紹介したように、3 次元閉多様体は無限個あります。その中で、いちばん簡単にイメージしやすい（ような気がする）形である 3 次元球面 S^3 に注目しています。

3 次元球面 S^3 は、問題 7.2 のように比較的簡単に特徴づけられるのでしょうか。これは、とても自然な問いかけです。しかし、これが非常に難しい問いかけでもあったのです。多くの数学者が注目し、考えました。

$S^1 \times S^2$ は問題 7.2 の図形 X ではありません。宇宙空間を最初 3 次元球面 S^3 だと考えます。前章で見たように、ここにワームホールができて $S^1 \times S^2$ になったとします（図 7.5）。ブラックホール傍の点 A から、ホワイトホール傍の点 B まで「近道」ができたわけです。ここで、A と B を結ぶ「(球面上の）遠道」と「近道（ワームホール)」を合わせましょう。

この結果は円周になります（図 7.5)。そして、この円周は $S^1 \times S^2$ の中で 1 点に連続変形で潰すことができません。これが、$S^1 \times S^2$ が問題 7.2 の図形 X ではないことの証明の素描です。

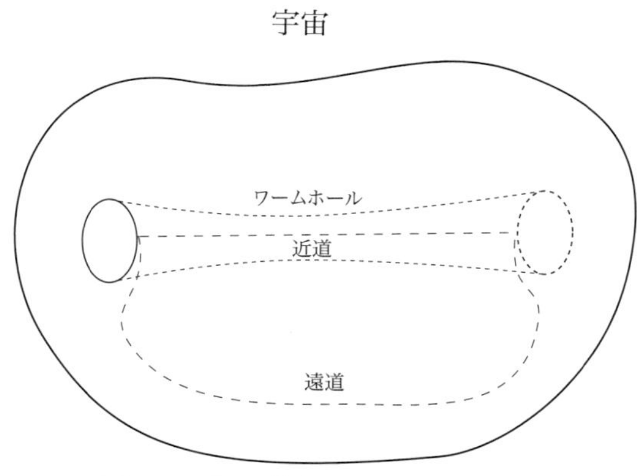

図 7.5　$S^1 \times S^2$ 内の A と B を結ぶ道

ポアンカレは最初、こう言いました。「問題 7.2 の「**(1)** と **(2)**」よりも弱い条件で 3 次元球面 S^3 は特徴づけられる。」深入りしませんが、専門用語で言うと「すべてのホモロジー群が 3 次元球面と同じである 3 次元閉多様体は 3 次元球面 S^3 だ」と言ったのです。

しかし、ポアンカレ本人が、この主張は間違っていることに気づきました。彼は反例を見つけました。その反例が、さきほど紹介したポアンカレ球面です。そしてポアンカレは問題 7.2 を提出しました。この問いを後の人たちはポアンカレ予想と言いました。

専門用語で言うとこうです。

「すべてのホモトピー群が 3 次元球面 S^3 と同じである 3 次元閉多様体は 3 次元球面 S^3 か」

もしくは

「基本群が 3 次元球面 S^3 と同じである 3 次元閉多様体は 3

次元球面 S^3 か」

数学で「予想」というのは「(答えがこうであろうと予想された）問題」です。多くの人が、この問題は数学の発展にとって重要だと思えば挑みます。

3次元球面 S^3 か？　と問いました。そう問う以上、どういう基準で同じと言うか、も言わないといけません。大雑把に言うと、「引っ張ったり伸ばしたりしてぴったり重なる」です。厳密に言うと「同相」か「PL同相」か「微分同相」か、となります。これらの各々（おのおの）で同じという意味です。これらの用語の説明は深入りしませんが、興味のある方は多様体や位相幾何の本をお読みください。

7-7 一般次元ポアンカレ予想

7-4節では、n 次元多様体を導入しました。これは $n = 3$ のときは前節で見た3次元多様体です。

では、これまでに登場した閉円板（2次元閉球体）や閉球体（3次元閉球体）から、n 次元閉球体を類推してください。これは、式で書けば $x_1, \cdots, x_n$ 軸で特徴づけられる n 次元空間 $\mathbb{R}^n$ の中の $x_1 + \cdots + x_n \leqq 1$ で記述される図形です。($n = 4$ の場合は4-6節に既出です）

有限個の n 次元閉球体に分割できる n 次元多様体を「n 次元閉多様体」といいます。ここで $n = 3$ のときのものは、前節の3次元閉多様体と同じものです。

球面（2次元球面 S^2）やトーラスは2次元閉多様体です。これまで見てきた、3次元球面 S^3、$S^1 \times S^2$、ポアンカレ・ホモロジー球面、3次元実射影空間 $\mathbb{R}P^3$ は3次元閉多様体です。

ところで、次の3つの言葉は同じ意味です。高次元、一般次元、「(nが大きいときの) n次元」(nが大きいということがいくつ以上かは場合によります)。

数学で2次元や3次元の図形についての議論があったとします。その議論をn次元化するというのは大昔から自然に行われてきました。

ポアンカレはポアンカレ予想を提出しました。すぐあとに自然な流れとして、ポアンカレ予想もn次元化されました。

小学校・中学校・高校で図形が同じというときはどうでしたか。「合同」という立場で同じだということもありました。「相似」という観点から同じだということもありました。面積が同じであるという意味の場合もあります。

ある多様体とある多様体が同じというときも「同じ」の基準がいろいろあります。前述のとおり、ここでは同相、PL同相、微分同相の3種類の基準で考えます。

次の問題を考えてみましょう。

問題 7.3　図形Xがあります。

(1)　Xはn次元閉多様体です。nは自然数です。

(2)　pは整数とします。$0 \leq p \leq \frac{n}{2}$とします。

Xの中にp次元球面を描きます。Xの中のどこに描いてもよいです。そのp次元球面はXの中で連続変形で1点に潰すことができます。

さてXはn次元球面と同相（PL同相、微分同相）か。

この問題7.3を「一般次元ポアンカレ予想」もしくは「n次元ポアンカレ予想」といいます。

また、3つの場合を分けて、

n次元位相ポアンカレ予想（「同相」の場合）

n次元PLポアンカレ予想（「PL同相」の場合）

n次元微分ポアンカレ予想（「微分同相」の場合）

と言います。

この問題も多くの数学者の興味を惹き、考えられました。さきほどの問題7.2は問題7.3の$n = 3$の場合ですので「3次元ポアンカレ予想」とも言います。ポアンカレ予想というと3次元ポアンカレ予想のことを指すことが多いですが、一般次元ポアンカレ予想のことをいうこともあります。$n = 1$、2の場合に、答えがYESであることは、ポアンカレが解いたか、ポアンカレ以前からわかっていました。

7-8 ポアンカレ予想に挑んだ数学者たち

ミルナー、7次元エキゾチック・スフィア発見

n次元ポアンカレ予想の最初の部分解を示したのは、米国の偉大な数学者ジョン・ウィラード・ミルナーでした。ミルナーの部分解は「7次元微分ポアンカレ予想の答えはNOだ」というものでした。ミルナーはフィールズ賞を受賞しています。

（もともとの）球面を標準球面（スタンダード・スフィア standard sphere）と呼びます。標準球面と同相だが微分同相ではない多様体を「異種球面（エキゾチック・スフィア exotic sphere）」と呼びます。ミルナーは7次元異種球

面を発見したということです。

スメイルのハンドル分解

その後、米国の偉大な数学者スティーブン・スメイルらは次のことを示しました。「5次元以上のPLポアンカレ予想、位相ポアンカレ予想の答えはYESだ」。スメイルのアイデアは次のようなものです。「多様体のハンドル分解」という、それ以前からあった方法の精密化。スメイルのこの方法は「サージェリー理論」（手術理論）と呼ばれる理論へと発展しました。ハンドル、サージェリーというのは前章で登場したものと同じものです。スメイルはフィールズ賞を受賞しました。

また、時をほぼ同じくして、ミルナーはフランスの偉大な数学者ミシェル・ケルヴェアとともに「5次元以上の微分ポアンカレ予想にはYESになる次元も複数あるし、NOになる次元も複数ある」ということを示しました。

フリードマンの結び目

さらに、米国の偉大な数学者のマイケル・フリードマンは、「4次元の位相ポアンカレ予想の答えはYES」だということを示しました。この業績で、フィールズ賞を受賞しています。

フリードマンのフィールズ賞論文の中では結び目が応用されています。

本書では、メビウスの帯の工作のところで、結び目を導入しました。結び目というのは、数学や物理学のさまざまなところに現れます。

ポアンカレ予想についてのフリードマンの論文にある結び

目・絡み目の図を引用します（図7.6）。

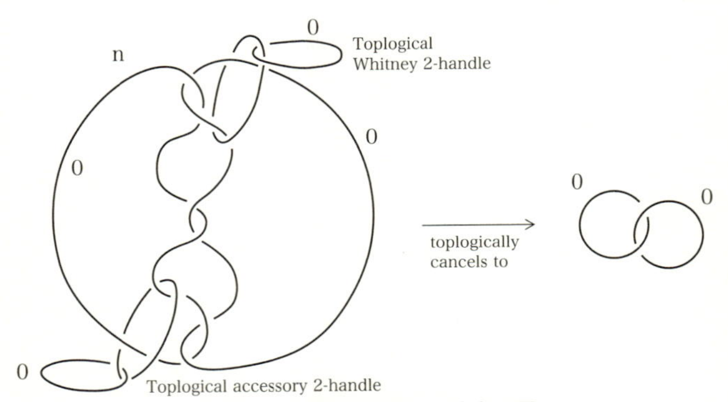

図7.6　フリードマンの論文の図
The topology of four-dimensional manifolds, *Journal of Differential Geometry*. 17(1982),no.3,357-453

この図の右に描かれている図はホップ・リンクと言います。1章に掲載した図1.27の中心線が作っている絡み目のことです。ホップも偉大な数学者です。フリードマンの論文には、「無限個」の成分からなる絡み目が出てきます。

ペレルマンが証明したもの

3次元ポアンカレ予想を証明した偉大な数学者、ロシアのグレゴリー・ペレルマンの名前を聞いたことがあると思います。その人柄のおもしろさも相俟って、数学界以外でも大いに話題になりました。彼は次のことを示しました。「3次元位相、PL、微分ポアンカレ予想の答えはYES」。

ただし、次のことはペレルマンの証明以前からわかっていました。3次元位相、PL、微分ポアンカレ予想の答えは同じになる。そのため、この3種類をまとめて3次元ポアンカレ予想といいます。

ポアンカレ予想は、クレイ数学研究所のミレニアム懸賞問題のひとつで100万ドルの懸賞金がかけられていました。ペレルマンはその賞金も受賞したフィールズ賞も受け取りませんでした。

ポアンカレ予想はまだ解けていない!?

ここまでの流れを整理すると、じつはまだ解けていないポアンカレ予想が存在することに気づいた方もいらっしゃると思います。表にまとめると以下のようになります。

	位相	PL	微分
$n=1$	YESと解決済み	YESと解決済み	YESと解決済み
$n=2$	YESと解決済み	YESと解決済み	YESと解決済み
$n=3$	YESと解決済み	YESと解決済み	YESと解決済み
$n=4$	YESと解決済み	未解決	未解決
$n=5$	YESと解決済み	YESと解決済み	かなり解けたが少し未解決。NOになる次元があることも、YESになる次元があることもわかっている

じつは、「4次元微分ポアンカレ予想」と「4次元PLポアンカレ予想」はまだ解けていません。ただし、この2つの問題に関しては、2問ともに答えがYESか、NOかのどちら

かだということは知られています。

また、高次元微分ポアンカレ予想もかなりの部分が解けたのですが、まだ少し解けていません。

4次元微分ポアンカレ予想を解けば、年齢制限はありますがフィールズ賞の受賞は間違いありません。年齢制限を超えていてもフィールズ賞特別賞受賞でしょう。（偉大な数学者ワイルズがフェルマー予想を解いたときは特別賞受賞でした。）いずれにせよ、歴史に名を遺せます。高次元微分ポアンカレ予想の残りも解けば歴史に名を遺せます。腕に覚えのある方はぜひ挑んでください。

筆者は、この分野の近くで研究をしている者として、ポアンカレ予想が解けた！　というフレーズが一人歩きすることで、「4次元微分ポアンカレ予想」および「高次元微分ポアンカレ予想の一部」が未解決であるという重要事への注目度が下がることを危惧します。ぜひ、これらの未解決問題を広めてください。皆様か、皆様からこれらの未解決問題を聞いた人が解いたら、と思うと恍惚としませんか。

7-9 ポアンカレ予想と宇宙の形

以前、読者の方からこういう質問をされました。

「ポアンカレは、ポアンカレ予想で次のことを予想、もしくは問うたのですよね？『宇宙の形がどういう形か？』あるいは『宇宙の形が3次元球面か？』と」

これは間違いです。ポアンカレ予想は宇宙の形の予想などしていません。これについて説明します。

ポアンカレ予想の問題文の意味を理解している人は大勢い

ます。そのうちの誰かが、初心者にポアンカレ予想を説明しようとします。まず3次元多様体の説明をしないといけません。そこで、初学者に向けて「3次元多様体をどう喩えようかなあ」と考えます。その喩えとして宇宙を例に使っているだけです。

本書もそうでした。「宇宙の形を考えること」を「3次元多様体の導入」に用いています。

というのも、以下のことを考えないといけないわけです。

「宇宙内の好きなところに描いたすべての円周は、連続変形で1点に潰すことができるか」

これはどうやって調べればいいのでしょうか。直接、実験しようがないです。ポアンカレ予想を説明するのに、喩えに宇宙の形を出しただけなのです。

ポアンカレ予想は、次のことと関係が深いです。「宇宙を探究する理論に現れる数学」。しかし、ポアンカレ予想は宇宙の形の予想をしてはいません。ここで、「宇宙を探究する理論に現れる数学」とは、数学のゲージ理論、微分幾何、複素幾何、シンプレクティック幾何、多様体上の解析などを指しています。

ポアンカレは宇宙・物理についての研究もしています。相対性理論への貢献、ポアンカレ群、力学系の三体問題などです。しかし、ポアンカレ予想は宇宙の形の予想はしていません。

3次元ポアンカレ予想はYESと解決しました。しかし、宇宙の形がどうなっているかはわかっていません。これは大問題です。超弦理論や宇宙論などで非常に熱心に本気で今も研究されています。

トポロジーと「物理」「微分幾何」

ペレルマンが3次元ポアンカレ予想を解きました。ペレルマンの論文には、物理と関係の深い「微分幾何」や「多様体上の解析」などが多く登場します。

「3次元ポアンカレ予想は位相幾何（トポロジー）の問題なのに、（物理と関係の深い）微分幾何で解かれたことに、多くの数学者が驚いたんですよね？」と聞かれたことがあります。

じつは、これに驚いた数学者はほとんどいません。もちろん、3次元ポアンカレ予想が解けたということには、ほとんどの数学者が驚きました。

ペレルマンが3次元ポアンカレ予想を解くかなり前から、次のふたつの関係が深いというのは知られていました。

「素粒子物理や宇宙論に出てくるような数学（ゲージ理論、微分幾何、複素幾何、シンプレクティック幾何、多様体上の解析など）」と「（とくに3・4次元多様体の）位相幾何」（偉大な数学者ドナルドソンやウィッテンのフィールズ賞論文等）。

そのため、多くの数学者はなんとなく次のように考えていました。3次元ポアンカレ予想も「（物理と関係の深い）微分幾何的手法」で解かれるのではなかろうか。そのため、ペレルマンの証明の手法が微分幾何をメインにしたものだったことに驚いた数学者はあまりいませんでした。

8章 宇宙の謎を「結び目」がほどく

8-1 結び目理論は位相幾何（トポロジー）の一分野

これまでの章で結び目、絡み目について紹介しました。本章では、結び目と物理・宇宙との関係を紹介します。

3次元空間 $\mathbb{R}^3$ に円周 m 個（m は自然数）が、滑らかに埋め込まれているとします。それら円周の集まりを「m 成分絡み目」といいます。また、1成分絡み目を「結び目」といいます。「滑らかに埋め込む」というのは数学用語です。ここでは次の意味のように考えてください。「自己接触なく置かれていて、尖ったところがない」。

日常的に結び目というと「線分を結んだもの」の意味で使うことも多いと思いますが、数学では、結び目とは円周を結んだものを指します（図8.1）。

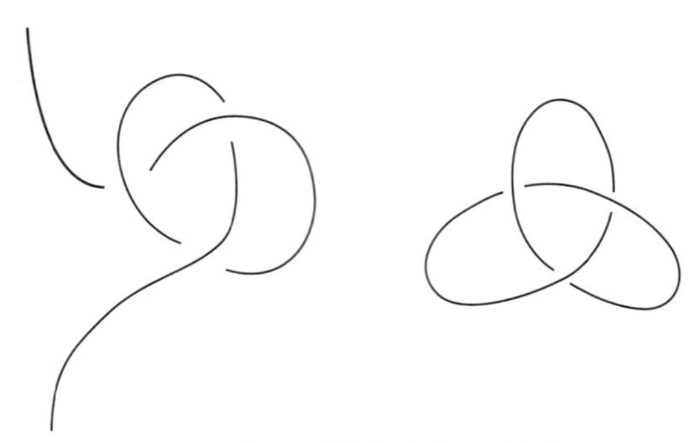

図8.1　左：日常的な意味での結び目
　　　　右：数学的意味での結び目

さて、ふたつの絡み目が「同じ」というのはおおまかに言うとこうです。

「片方から片方へ、滑らかに（尖らせずに）自己接触なく持っていける」

このとき、2個の絡み目は「アイソトピック」だといいます（図8.2）。よく見比べてください。

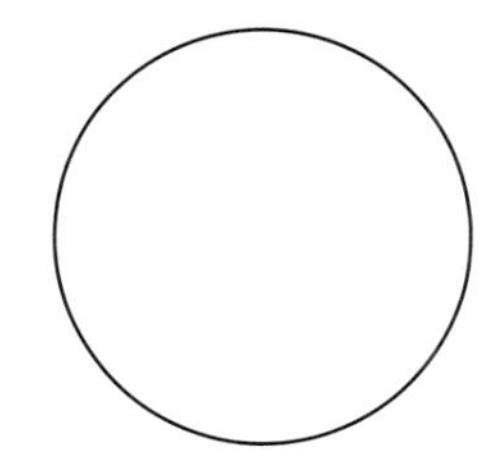

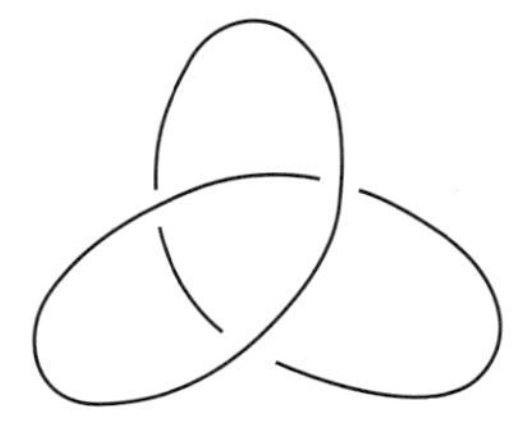

図8.2　アイソトピックな絡み目
よく見比べてください。

3次元空間 $\mathbb{R}^3$ の中に閉円板を自己接触なく置きます。この境界は円周です（図8.2の左）。この円周は3次元空間 $\mathbb{R}^3$ の中にあります。なので結び目でもあります。この結び目を「自明な結び目」もしくは、「結ばれていない結び目」といいます。

では、結び目があったとします。その結び目が自明な結び目にアイソトピックとします。この場合、その結び目も自明な結び目と呼ぶことが多くあります（図8.2の右）。

ある結び目が自明な結び目にアイソトピックではないとします。このとき、その結び目を「非自明な結び目」と呼びます。

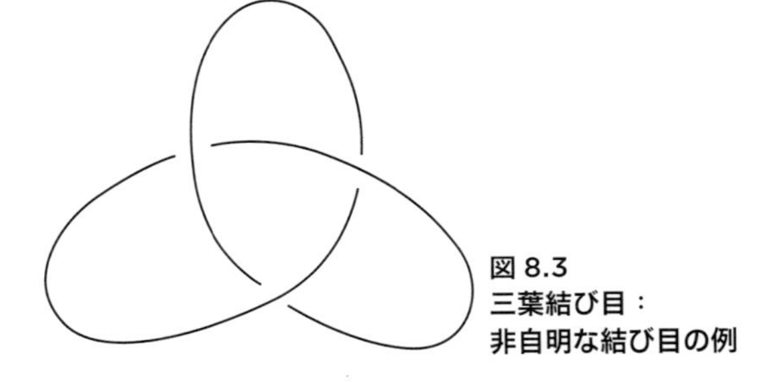

図 8.3
三葉結び目：
非自明な結び目の例

図 8.3 の結び目は非自明な結び目の例です。この結び目は「三葉結び目（トレフォイル・ノット、trefoil knot）」といいます。1 章に登場した図 1.29 の中心線は三葉結び目を作っています（図 8.4）。

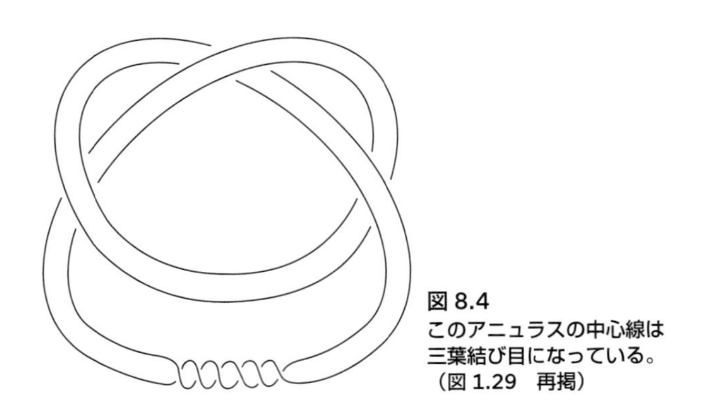

図 8.4
このアニュラスの中心線は三葉結び目になっている。
（図 1.29　再掲）

4 次元や高次元や宇宙を研究しているといろいろなところに結び目が出てきます。これまでにも結び目の例をいくつか描いて示しています。

結び目にはどういう種類があるのだろう、どういう性質を持つものがあるだろう、これらの問い自体も人の興味を惹くものです。結び目は重要な研究対象です。このように結び目を探究する研究を「結び目理論」といいます。結び目について研究する、と漠然と言うときは、普通は絡み目も研究します。

位相幾何（トポロジー）は、おおまかに言うと図形を引っ張ったり伸ばしたりして重なるかを考えます。結び目理論は、結び目や絡み目の形を考えます。アイソトピックなら同じだと考えます。これも、おおまかに言えば「引っ張ったり伸ばしたり」と同じ操作です。結び目理論は位相幾何（トポロジー）の一分野です。

結び目、絡み目の研究はとても長く行われています。非常に深い、重大な発見が多くなされています。同時に、まだわかっていないことも多くあります。また、すぐ始められる研究テーマもたくさんありますので、興味のある方は挑んでください。

「結び目理論」の未解決問題

せっかくですので、まだわかっていない例をいくつか紹介しましょう。

まず、どのような結び目も次の性質を持ちます。

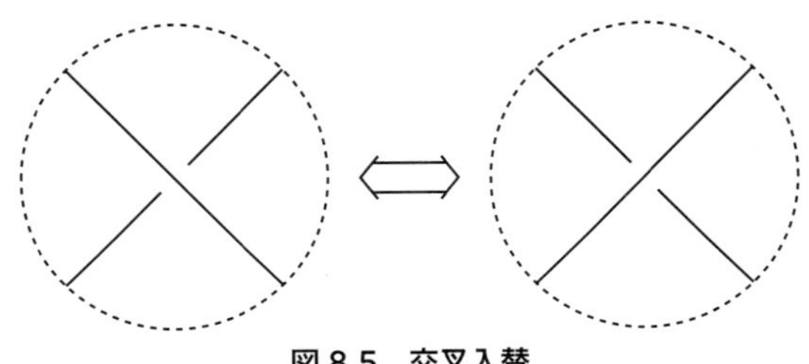

図 8.5　交叉入替

図 8.5 を見てください。結び目となっている線分が入れ替わっています。このような操作を「交叉入替」といいます。この交叉入替とアイソトピー変形を何回か行えば、自明な結び目になることはわかっています。また、この操作は有限回ですむこともわかっています。

結び目を、自明結び目にする方法のことを「ほどく」といいます。

結び目がひとつ与えられたとします。その結び目をほどくのに交叉入替を何回したかを数えます。このとき、ほどき方は何通りもあります。また、それぞれのほどき方の場合に、交叉入替何回でほどけるかが決まります。その中で最小の数をその結び目の「結び目解消数」と呼びます。自明な結び目の、結び目解消数は 0 です。

では、図 8.6 の結び目の、結び目解消数はいくつでしょうか。この結び目が非自明なことは知られています。なので、結び目解消数は 0 より大きいです。

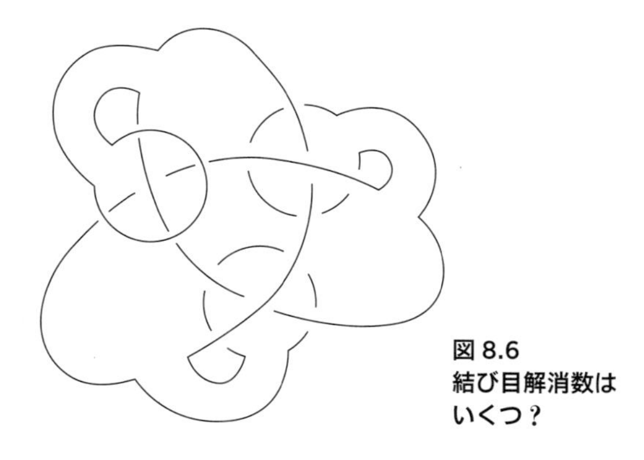

**図 8.6
結び目解消数は
いくつ？**

一見複雑そうですが、この結び目は、図 8.7 のようにすると交叉入替 1 回でほどけます。そのため、結び目解消数は 1 です。

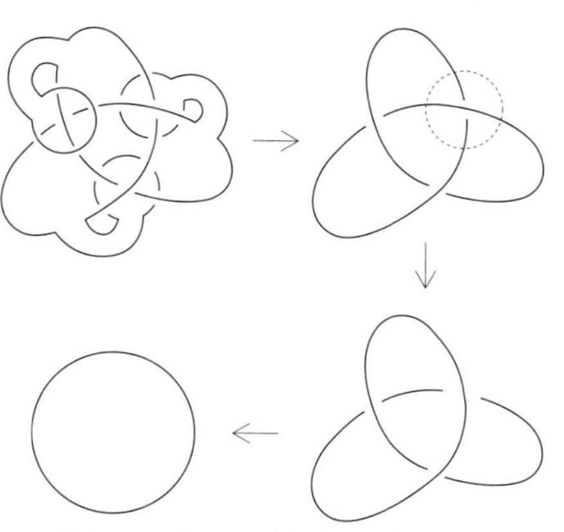

図 8.7　図 8.6 の結び目解消数は 1

さて、わかっていない問いというのは以下のことです。

結び目をひとつ、なんでもよいから持ってきます。その結び目解消数を求めよ。

じつは、これが一般にはわかっていません。結び目解消数がわかっている結び目は無限個あります。しかし、わかっていない結び目も無限個あります。

次の問いも問い自体はとても自然なものですが未解決です。

結び目をひとつ、なんでもよいから持ってきます。その結び目が、スライス結び目かどうか？

詳細な解説はここではしませんが、すでにおなじみの x, y, z, t を座標とする4次元空間 $\mathbb{R}^4$ を考えます。「$t = 0$ の3次元空間 $\mathbb{R}^3$」の中に結び目 K を置きます。K が「$t = 0$ の $\mathbb{R}^3$」の中で「円板の境界」にならなくても、必ず4次元空間 $\mathbb{R}^4$ 全体の中にある「自己交叉のない円板の境界」になります（拙著『高次元空間を見る方法』を参照）。

さて、「4次元空間 $\mathbb{R}^4$ の中の $t \geqq 0$ の中」にだけ存在する「自己交叉の無い円板」の境界になる場合、K をスライス結び目と言います（詳細は拙著「多様体とは何か」を参照）。上問は結び目理論と4次元のトポロジーの非常に重要な問題です（スライスにも位相、PL、微分の3種がありますが、これ以上は割愛します）。

さらに、現在もっともエキサイティングな話題のひとつが次です。

結び目と「超弦理論・場の量子論などの物理」に深遠な関係がある。

結び目について研究することが宇宙を解明することになり、同時に、宇宙を研究することが結び目の解明につながるのです。そういう研究が世界で進められています。この後の節では、その話を少し紹介したいと思います。

8-2 素粒子、超弦理論の物理を概観すると

ここからの説明は概説となるため、少々おおまかな説明となります。詳しく知りたい方は、本書の概説を手掛かりに専門書をお読みください。

QED：朝永、シュヴィンガー、ファインマン

1章のコラムでこう言いました。点粒子がどこにあるかは一般には確率でしかわからない。そういう確率を考えないと記述できない状態をおおらかに「量子系」と呼ぶことにします。量子論を考えなくていい状態を「古典系」と言います。エネルギーの高い場合や、微視的な場合を考えるときは量子系です。シュレディンガー、ハイゼンベルグによって、点粒子がどこにどのくらいの確率で存在するかを表す式が、それぞれ独立に発見されました。それが、シュレディンガー方程式、ハイゼンベルグ方程式です。両者はノーベル物理学賞を受賞しました。

この頃に、電子も光も（すべてのものが）粒子でもあり波でもあると考えないと、自然界の現象がうまく説明できない

とわかりました。物理や数学では波のことを「場」ともいいます。

上記の二方程式は相対性理論を考えなくていいエネルギーの低い場合でした。その後、特殊相対性理論と矛盾しないものをディラックが発見しました。ディラック方程式です。ディラックもノーベル物理学賞を受賞しています。

「場」の場合も、どのくらいの強さの場があるかは確率でしかわかりません。そして、いちばん知りたいのは次のことです。

『「どういう状態のもの A」と「どういう状態のもの B」』が反応して

『「どういう状態のもの C」と「どういう状態のもの D」』になるのか。

これも確率でしかわかりません。古典系では、上の場合は、確率でなくひとつ求まります。

では、上の場合の「確率」をどうやって求めるのでしょう。「処方箋」があります。場の量子系は低エネルギー極限では古典系になります。このことから類推して、量子系のほうで、確率がどうなるかを求めます。

この「確率」の計算方法は、当初、計算しようとすると無限大が出てきてしまいました。当時の人たちは無限大が出ないような、うまい計算法を見つけることが課題でした。

偉大な物理学者たち朝永振一郎、ジュリアン・シュヴィンガー、リチャード・ファインマンたちが、それぞれ独立に、その方法を見つけました。これを「くりこみ法」といいます。計算に無限大が出ないように電荷や質量の項をうまく調整しています。三人はノーベル物理学賞を受賞しました。

古典系から量子系の場合を求めるわけです。朝永、シュヴィンガーは「正準量子化」という方法を使っています。ファインマンは、この方法を考えている一環で「経路積分」という方法を思いつき、それを使っています。正準量子化法は『「古典系のラグランジアン」から捻り出したハミルトニアン』というものを、経路積分法は「古典系のラグランジアン」というものを用います。ラグランジアンはラグランジュが、ハミルトニアンはハミルトンが導入しました。両名とも偉大な数学者・物理学者です。

後に、偉大な物理学者ダイソンが、朝永、シュヴィンガー、ファインマンの三者の方法は物理として同じだということを物理の方法で示しました。

ファインマン経路積分

ファインマン経路積分について少し説明します。

自然界の現象は確率でしか記述できません。それならば、起こりうる可能性をすべて足し上げればどういう確率でその現象が起こるのか記述できるのではないかとファインマンは考えました。

「起こりうる可能性」のそれぞれが、なんらかの経路で描かれます。経路は無限通りあります。無限個のすべてを足し上げるのは、積分になることがしばしばです。そのため、この手法を経路積分といいます。

我々が高校で習う積分は変数が1個で、1次元の直線の上で積分しています。大学では2変数やn変数の関数の積分をします（nは自然数）。これは2次元空間$\mathbb{R}^2$上、n次元空間$\mathbb{R}^n$（有限次元空間）上の積分です。

しかし、ファインマン経路積分は「無限次元空間上の積分」という数学的に定義されていない（もしくは、できない）ものなのです。そのため、ファインマン経路積分は、数学的には厳密ではないものです。ただ、物理としてなら、多くの場合に、おおらかに計算はできます。また、多くの物理学者には、経路積分の考えは物理哲学として納得がいくものです。このことから多くの物理学者は、経路積分は自然界の正しいことを（完全ではないまでもかなりよく）表していると信じています。

経路積分崩壊　ファインマン vs. リー&ヤン

ある古典系の方程式を考え、そこから量子系の方程式を作ろうとしたとき、「正準量子化で作ったもの」と「経路積分で作ったもの」では導かれる答えが異なることがあります。もちろん、どちらかのみが精確に自然界を表しています。

偉大な物理学者たちリーとヤンの論文にそういう例が載っています。両名は「パリティ非保存」という発見からノーベル物理学賞を受賞しています。ちなみに、ヤンは偉大な物理学者ミルズと「ヤン＝ミルズ方程式」の発見もしました。

経路積分は（正準量子化も）自然界がこういう方程式にしたがうだろうとおおらかに作ったものです。そのため、この不一致が起きることに物理学者はあまり驚いていません。

物理学はいい意味で場当たり的に作り上げられていきます。そのため、おおまかに正しいようなら先に進みます。その後、新しいことが発見され、今までのこととの矛盾が起きればそこで修正し、また新しい手法や理論が作られていきます。こういうようにして進んでいきます。

リーとヤンの論文は以下です。

T.D.Lee and C.N.Yang : Theory of Charged Vector Mesons Interacting with the Electromagnetic Field. *Physical Review* 128（1962）885-898.

量子色理論「QCD」

素粒子の標準模型の理論は、「強い力」を記述するQCD（量子色力学 quantum chromodynamics）という理論を一部に含みます。「強い力」とは物理学における4つの力（強い力、弱い力、電磁気力、重力）のうちのひとつです。

さて、QCDをおおまかに解説するとこうなります。まず、対応しそうな古典系を考えます。そこから経路積分法で量子系を表す方程式らしきものを作ります。それによって、かなりよく自然界を説明できます。ここまでは、前の項で紹介しました。しかし、これでは「クォークの閉じ込め」という現象を、今のところうまく説明できないようです。クォークの閉じ込めとは、以下のことです。

QCDは、中性子や陽子などの「それまで物質を構成する最小の単位だと思われていたもの」が、さらに小さなクォークという素粒子でできていると主張しています。クォークが結合して中性子や陽子などが作られます（図8.8）。電子や陽子は単体で観測されています。ですが、クォークは単体では観測されていません。クォークは低エネルギーでは、単体で観測されないようになっているようです。このことをクォークの閉じ込めといいます（高エネルギーでは単体で観測されると信じられています。また、前述のとおり、クォークをわけていくと超弦になると思われています）。

物理において「この経路積分はだいたい正しい」と言ったとしましょう。これは、「こういうふうになればうれしい」くらいの気持ちというか、目標を書いているだけだという言い方をしてもいいでしょう。

図 8.8　素粒子の標準模型

8-3 ジョーンズのジョーンズ多項式

「結び目理論」には「素粒子論や超弦理論などの物理」と関係が深い分野があるという話を少し前にしました。ここで、その話について紹介したいと思います。そのひとつが「ジョーンズ多項式」から発展した分野です。

偉大な数学者のヴォーン・ジョーンズは、「絡み目のジョーンズ多項式」というものを発見し、この功績からフィールズ賞を受賞しました。簡単にジョーンズ多項式を紹介します。

絡み目の各成分は結び目です。この各結び目に矢印で向きを付けます。結び目なら向きの与え方は2通りです。図8.9を見てください。このとき絡み目が「向き付けられた」といいます。

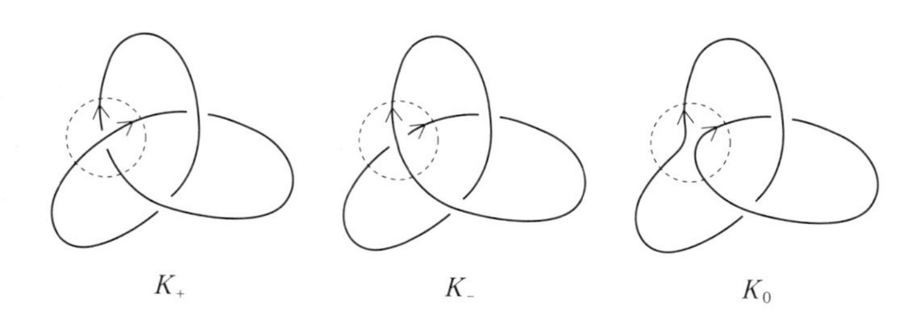

図8.9　向き付けられた絡み目の例

ここでそれぞれの向き付けられた絡み目に「ジョーンズ多項式」という多項式をひとつ付随させます。また、ふたつの向き付けられた絡み目はアイソトピックとします。絡み目同士のアイソトピックの定義は前にしました。そこから、「向き付けられた絡み目同士のアイソトピック」の定義も自然に作ることができます。以降、アイソトピックは「向きも込めたアイソトピック」の意味とします。アイソトピックならジョーンズ多項式は同じになります。

ここで、ふたつの「向き付けられた絡み目」のジョーンズ多項式が違うとしましょう。すると、それらはアイソトピックではないとわかります。

図 8.9 は向き付けられた絡み目の例です。図を見ると、点線で書かれた丸があります。さらに図の K_+、K_-、K_0 をよく見てください。点線の各丸は 3 次元球体 1 個を表しているとします。K_+、K_-、K_0 は、3 次元球体 1 個の中だけで違います。この違いを取り出して描くと図 8.10 のようになります。

3 個の「向き付けられた絡み目」があったとします。それらが、このような関係にあったとしましょう。このとき、これら 3 個の向き付けられた絡み目は「スケイン関係」にあるといいます。

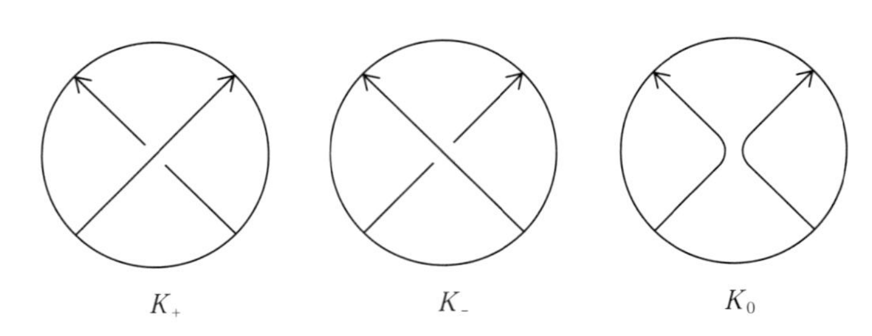

図 8.10　スケイン関係

さて、ジョーンズ多項式の定義を紹介します。

定義 8.1　「向き付けられた絡み目」を、なんでもいいのでひとつとります。それにジョーンズ多項式 $V(K)$ をひとつ対

応させます。ただし、以下の規則を満たすようにします。

(1)　自明な結び目 T のジョーンズ多項式 $V(T)$ を 1 だとします。

(2)　向き付けられた絡み目 K_+、K_-、K_0 があったとします。それらがスケイン関係（図 8.10）にあったとします。この場合、次の関係式を満たします。

$$t^{-1}V_{K_+}(t) - tV_{K_-}(t) = (t^{\frac{1}{2}} - t^{-\frac{1}{2}})V_{K_0}(t)$$

さて、この定義からジョーンズ多項式を求めることができます。

図 8.9 の 3 個の絡み目について見ると、

K_+ のジョーンズ多項式は $t + t^3 - t^4$

K_- のジョーンズ多項式は 1

K_0 のジョーンズ多項式は $-t^{\frac{1}{2}} - t^{\frac{5}{2}}$

であることが知られています。これらは、たしかに定義の **(2)** の関係式を満たします。計算方法の例はすぐ後で見せます。

ジョーンズ多項式の性質を駆け足で

向き付けられた絡み目 J と K がアイソトピックだとします。すると、$V_J(t) = V_K(t)$ となります。ジョーンズ多項式は無限個の結び目を区別します。ただし以下のことは知られています。次のような結び目 2 個 K と J が存在する。K と J はアイソトピックでないが、ジョーンズ多項式が同じである。

上の定義の **(1)** は n 成分の向き付けられた絡み目（$n > 1$）

のジョーンズ多項式が1だとは主張していません。

ジョーンズ多項式は有限個の項からなります。各項は「係数× t^*」になります。ここで、「*」は整数か半整数です。

絡み目が、なにかひとつ与えられたとしましょう。そのジョーンズ多項式はかならず計算可能です。このかならず計算できるというところがいいところです。本章の最初に紹介した、結び目解消数を思い出してください。結び目解消数は、一般には求める方法は知られていません。

偉大な数学者のルイス・カウフマンは、ジョーンズの証明の短い別証明を考えました。

向き付けられた結び目 K は3次元空間 $\mathbb{R}^3$ の中にあります。K のみの向きを逆にしたものを $-K$、$\mathbb{R}^3$ のみの向きを逆にしたもの（x 軸のみ向きを逆にする）を鏡像 K^* と、それぞれ言います。

$$V_{-K}(t) = V_K(t)、V_{K^*}(t) = V_K\left(\frac{1}{t}\right)$$

となります。ただし、K と $-K$ がアイソトピックでないことはあります。$V_{K^*}(t) \neq V_K(t)$ となる場合は無限にありますが、K と $-K$ がアイソトピックでないのに $V_{K^*}(t) = V_K(t)$ のこともあります。成分2以上の絡み目の場合、絡み目によっては向きの変え方によってジョーンズ多項式が変わります。

ジョーンズ多項式の計算例

ジョーンズ多項式を上の定義を使ってどうやって計算するのか、例を用いて説明します。

自明な2成分絡み目（図8.11）のジョーンズ多項式を計

算しましょう。

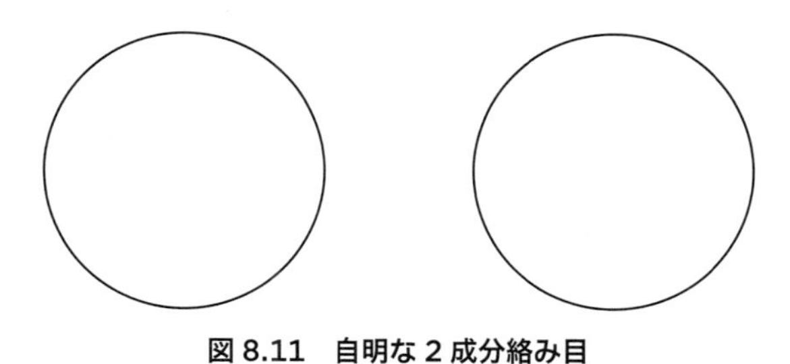

図 8.11　自明な 2 成分絡み目

図 8.11 は自明な 2 成分絡み目です。スケイン関係にある 3 個の向き付けられた絡み目を考えます（図 8.12）。K_0 が自明な 2 成分絡み目です。

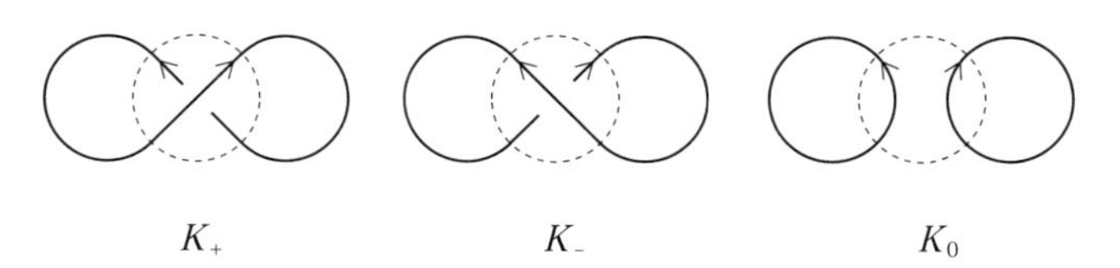

図 8.12　スケイン関係にある 3 個の向き付けられた絡み目

自明な 2 成分絡み目は向きの入れ方が 4 通りありますが、どのように向きを入れたものもアイソトピックです。

この K_+、K_-、K_0 はスケイン関係にあるので、これらのジョーンズ多項式は、

$$t^{-1}V_{K_+}(t) - tV_{K_-}(t) = \left(t^{\frac{1}{2}} - t^{-\frac{1}{2}}\right)V_{K_0}(t)$$

という関係にあります。

K_+とK_-は自明な結び目です。なので、

$$V_{K_+}(t) = 1\ ,\ V_{K_-}(t) = 1$$

それでは、K_0のジョーンズ多項式$V_{K_0}(t)$を計算しましょう。上式より

$$\left(t^{\frac{1}{2}} - t^{-\frac{1}{2}}\right)V_{K_0}(t) = t^{-1}V_{K_+}(t) - tV_{K_-}(t)$$

$$= t^{-1}\cdot 1 - t\cdot 1 = t^{-1} - t$$

よって

$$V_{K_0}(t) = -\ \left(t^{\frac{1}{2}} + t^{-\frac{1}{2}}\right)$$

このような方法で、どんな絡み目に対してもジョーンズ多項式を計算することができます。

ジョーンズ多項式の図形的意味

ジョーンズ多項式は定義8.1の方法で明確に定義されています。では、この多項式にはどういう図形的意味があるのでしょうか。さらに、絡み目の何を表しているのでしょう。

結び目解消数は、交叉入替、最小何回でほどけるか、がその定義でした。定義がそのまま自然な図形的意味です。しかし、すべての結び目に対して、結び目解消数を求める方法は現在知られていません。

ジョーンズ多項式は、どの絡み目に対しても明確に計算できます。しかし、そこにどのような図形的な意味があるのかというのは、直感的にわかりません。

ジョーンズ多項式より前から、絡み目の「アレクサンダー

多項式」というものが知られていました。アレクサンダー多項式は、絡み目から作られる自然な3次元多様体を用いて明確に説明されます。これは、図形的意味がはっきりしているということです。アレクサンダーも偉大な数学者です。

ジョーンズの証明は結び目を平面に射影した図を使って行われます（平面上の議論だけでできます）。カウフマンの別証もそうです。これらの証明は歴史に残る大発見ではあります。ですが、それとは別に、ジョーンズ多項式発見時に以下の問いが誘起されました。

ジョーンズ多項式を3次元の図形を用いてすっきりした説明ができないか？

これに対して、当時、新しいアイデアが出されました。これについて以下の節で紹介します。

8-4 ウィッテンの「超弦理論・場の量子論と結び目」

物理学者・数学者のエドワード・ウィッテンは、ジョーンズ多項式を「3次元空間 $\mathbb{R}^3$ の中の図形」として、すっきりした説明、もしくは解釈する方法を発案しました。

ウィッテンのフィールズ賞論文の冒頭には、こう書かれています。

ジョーンズ多項式を3次元空間 $\mathbb{R}^3$ 内の図形として、すっきり説明したい、もしくは解釈したい。そういう問題を「フィールズ賞受賞者の偉大な数学者アティヤ」から聞いたことが、この論文のきっかけである。

ウィッテンは次の提案をしました。

各絡み目に付随するある「(場の量子論の）経路積分」を

作ると、それがジョーンズ多項式を表すと主張し得る。経路積分されるものは、チャーン・サイモンズ形式とウィルソン・ラインからなる「ラグランジアン」という関数です。チャーンとサイモンは偉大な数学者、ウィルソンは偉大な物理学者です。

ウィッテンはその経路積分を計算しました。経路積分は前述のとおり、数学的に必ずしも厳密ではありません。しかし、ウィッテンの計算は物理としては多くの人が納得できるものでした。そして、その計算結果がジョーンズ多項式だと考えられる、と提案したのです。

ジョーンズ多項式は数学的に厳密に定義されたものです。ですが、その自然な解釈が数学的には厳密ではない「物理の場の量子論の経路積分」によってなされたのです。これは、数学・物理哲学史上の大事件です。ウィッテンは、結び目や3次元多様体が場の量子論、超弦理論のエキサイティングなるトーイ・モデルと見なせると「発見」したのです（3次元多様体との関連はこのすぐ後、少しふれます）。

ただ、ウィッテンの主張は数学的に厳密ではないので、詳しく見ていくとうまくいっていないこともいくつかあります。その例を以下で紹介します。

8-5 トポロジーがたどり着いた「場の量子論」未踏の地

ウィッテンによるジョーンズ多項式を表す経路積分は次の性質を持ちます。その経路積分は「3次元空間 $\mathbb{R}^3$ 内の絡み目」に対して書かれました。しかし、その場合だけではなく形式的には「一般の3次元多様体の中の絡み目」に対しても同様に書くことができます。とはいえ、実際には3次元空間$\mathbb{R}^3$の場合にしか、経路積分は計算されていません。ただし、3次元球面S^3の場合など、3次元空間$\mathbb{R}^3$の場合と本質的に議論が同じになる場合は計算されています。

ここで、「すべての3次元多様体の中の絡み目」に対して計算はできるか？　という疑問が湧きます。これは、未解決です。物理的な意味での経路積分の計算すらされていません。ましてや「すべての3次元多様体の場合」の「数学的に厳密な定義」はされていません。ウィッテン経路積分は3次元空間$\mathbb{R}^3$の場合以外にも、こういうことができるといいなあ、と目標を書いただけ、とも言えます。数学者なら、ウィッテン経路積分がなくても、そのくらいの目標は思いつきます。

つまり、「一般の3次元多様体の中の絡み目」に対しては、ジョーンズ多項式はまだ定義されていません。これを定義できるかどうかは、未解決の重要問題です。

ジョーンズ、ウィッテンの論文のあと、上述の重要未解決問題の部分解は知られています。これは物理を一切使わずに数学だけで証明されました。まず、カウフマンが「スィックンド・オリエンタブル・サーフェス（thickened orientable surface）」という3次元多様体の場合にジョーンズ多項式を数学的に厳密に定義しました。

カウフマンは、前述の「ジョーンズ多項式の別証明（8-3節）」で「カウフマン・ステイト」というものを発明しました。後に「仮想結び目（ヴァーチャル・ノット　virtual knot）、仮想絡み目（ヴァーチャル・リンク　virtual link）」という新発明もしています。このふたつを用いて、上記のことをしました。

さらに、カウフマンのその結果をドロボーツキナ（Drobotukhina）が発展させ、3次元実射影空間 $\mathbb{R}P^3$ とオリエンタブル・スィックンド・ノンオリエンタブル・ジーナスワン・サーフェスの場合を数学的に厳密に定義しました。

その後、バーゴーイン（Bourgoin）がそれらを発展させ、オリエンタブル・スィックンド・ノンオリエンタブル・ジーナス n・サーフェス（$n \geq 2$）の場合のジョーンズ多項式を数学的に厳密に定義しました。

ジョーンズはフィールズ賞論文でジョーンズ多項式を応用して次のことができると予言しました。3次元多様体の性質を表す量（専門用語で言うと、3次元多様体の位相同型類を表す（位相）不変量）を新たに導入できると。ジョーンズはその部分的成果をあげました。

ウィッテンはジョーンズの予言したものを「すべての閉とは限らない有向3次元多様体」に対して経路積分（ジョーンズ多項式に対する経路積分からウィルソン・ラインを除いて作る）を用いて書きました。ただし、経路積分を使っているので数学的に厳密な定義ではありません。

その後、レシェティキンとトラエフが「有向閉3次元多様体」に対して、その不変量を数学的に厳密に定義しました。それを量子不変量と呼びます。しかし、その時点では、「閉ではない有向3次元多様体」に対して意味のある拡張はなされていませんでした。

その後、カウフマンと筆者によって「閉ではない有向3次元多様体」に対して意味のある拡張が初めてなされました。興味のある方は、下記の論文を参照ください。

Quantum Invariants of links and 3-Manifolds with Bounday defined via Virtual Links

L.H.Kauffman and E.Ogasa

Jounal of Knot Theory and Its Ramifications(2023)

https://doi.org/10.48550/arXiv.2108.13547［math.GT］

＊検索ワード「Kauffman Ogasa」

ところでレシェティキンとトラエフは、その論文でこういうこともしました。一般の3次元閉多様体の中の絡み目に対して「ジョーンズ多項式と関係の深い不変量」の構築。これがS^3の場合、ジョーンズ多項式と同じかは未解決です。おそらく違うものです。

また、ジョーンズ多項式を強化したものにコバノフ・ホモロジーというものがあります。コバノフは偉大な数学者です。コバノフ・ホモロジーは最初、次の場合に定義されました。3次元空間$\mathbb{R}^3$（や、それと本質的に議論が同じになる場合、3次元球面S^3など）の中の絡み目に対してです。ただし、位相不変量であることの証明は偉大な数学者バー・ナタンがしました。

コバノフ・ホモロジーにも次の重要な未解決問題があります。

「一般の3次元多様体の中の絡み目」に対して定義できるか。

この部分解はいくつか得られています。それらの文献は、以下の本のChapter 8などから調べ始めてください。

Seeing Four-Dimensional Space and Beyond：Using Knots! Series on Knots and Everything：Volume 74 (2023),

World Scientic. Eiji Ogasa

さらに、コバノフ・ホモロジーを強化したものにコバノフ・リプシッツ・サーカー・ステイプル・ホモトピー・タイプというものがあります。リプシッツとサーカーは偉大な数学者です。

リプシッツとサーカーはこれを次の場合に定義しました。3次元空間 $\mathbb{R}^3$ の中の絡み目に対して。

「n 次元CW複体」という図形があります。この図形を用いて、コバノフ・リプシッツ・サーカー・ステイプル・ホモトピー・タイプは「3次元空間 $\mathbb{R}^3$ の中の絡み目のジョーンズ多項式」に数学的に厳密な図形的定義を与えています。

コバノフ・リプシッツ・サーカー・ステイプル・ホモトピー・タイプにも次の重要な未解決問題があります。

「一般の3次元多様体の中の絡み目」に対して定義できるか。

部分解は今のところ、カウフマンと偉大な数学者ニコノフと筆者がスィックンド・サーフェスに拡張したもののみです。論文は以下です。

Khovanov-Lipshitz-Sarkar homotopy type for links in thickened higher genus surfaces

L.H.Kauffman, J.M.Nikonov,and E.Ogasa

Jounal of Knot Theory and Its Ramifications（2021）

https://doi.org/10.48550/arXiv.2007.09241［math.GT］

このように、結び目理論と現代物理学には未解決の重要な問題がまだまだたくさんあります。興味のある方は、上の拙論文の参考文献に出る用語から調べ始めてください。

＊検索ワード：Kauffman Nikonov Ogasa

あとがき

本書は、入門書として気軽に読めるようにと書きました。もし皆様が、この本よりハイレベルなことを習得していけば、こう思うかもしれません。

この本は「ツッコミどころ満載」だ！

ぜひ力をつけて、どんどんツッコんでください。実際に、研究者たちは、ああでもない、こうでもないとお互いにツッコミ合いながらアイデアを出し合い、数学や物理学を発展させてきました。

宇宙の形はどんな形か？　実験することは現状不可能です。そこで、トーイ・モデルを作って、とりあえず考えてみるという話を本書で紹介しました。

アンザッツ（仮説）を置いて実験したり、演繹したりして、捨てるべきところは捨て、今日も新しいモデルを構築し続けています。

皆様がそうやってツッコむのは科学の発展に寄与することです。

本書のテーマである結び目理論や高次元幾何学は、その応用範囲が今、ますます広がっている分野です。本書で述べたとおり、数学と物理は関連して発展してきました。そして、常に新しいエキサイティングな関係が発見されます。結び目が宇宙を解く鍵だ、というのは驚異的な発見のひとつでした。

本書をきっかけに、結び目や高次元、それらを含むトポロジーの世界に興奮していただけたら幸いです。

謝辞　敬称略・順不同

木村沙貴、岩永優花子、瀬谷心音、瀬谷菜々緒、長澤貴之、望月厚志、横井啓晃、渡邉美咲、岩井慶一郎、飯原美沙、山本愛友、一東めいこ、山田夏美、三橋菜桜、内田さわ、鰐淵初音、今井結香、今村環、並びにご協力くださった皆様に感謝します。

本書にも関連のある、数学・物理の入門動画を「youtube」に複数本アップしました。Eiji Ogasa youtube で検索できます。ぜひご覧ください。これからも動画をアップしていきます。

2024年9月　小笠英志

さくいん

【あ行】

【か行】

【さ行】

【た行】

【な行】

【は行】

【ま行】

【や行・ら行・わ行】

N.D.C.414　220p　18cm

ブルーバックス　B-2275

宇宙が見える数学
結び目と高次元――トポロジー入門

2024年10月20日　第1刷発行

著者　小笠英志
発行者　篠木和久
発行所　株式会社講談社
〒112-8001　東京都文京区音羽2-12-21
電話　出版　03-5395-3524
販売　03-5395-4415
業務　03-5395-3615
印刷所　（本文印刷）株式会社新藤慶昌堂
（カバー表紙印刷）信毎書籍印刷株式会社
製本所　株式会社国宝社

定価はカバーに表示してあります。

ISBN978－4－06－537599－0

発刊のことば

科学をあなたのポケットに

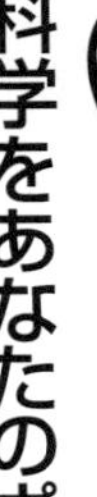

二十世紀最大の特色は、それが科学時代であるということです。科学は日に日に進歩を続け、止まるところを知りません。ひと昔前の夢物語もどんどん現実化しており、今やわれわれの生活のすべてが、科学によってゆり動かされているといっても過言ではないでしょう。

そのような背景を考えれば、学者や学生はもちろん、産業人も、セールスマンも、ジャーナリストも、家庭の主婦も、みんなが科学を知らなければ、時代の流れに逆らうことになるでしょう。

ブルーバックス発刊の意義と必然性はそこにあります。このシリーズは、読む人に科学的に物を考える習慣と、科学的に物を見る目を養っていただくことを最大の目標にしています。そのためには、単に原理や法則の解説に終始するのではなくて、政治や経済など、社会科学や人文科学にも関連させて、広い視野から問題を追究していきます。科学はむずかしいという先入観を改める表現と構成、それも類書にないブルーバックスの特色であると信じます。

一九六三年九月

野間省一